环境设计创意思维与程序

招 阳 著

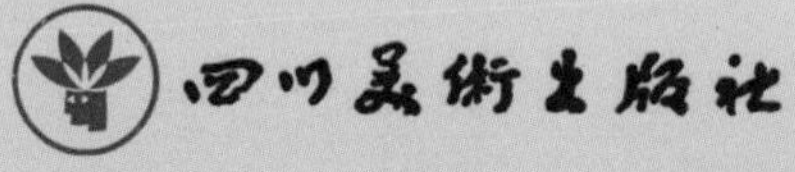

图书在版编目（CIP）数据

环境设计创意思维与程序 / 招阳著. -- 成都 : 四川美术出版社, 2024.10. --ISBN 978-7-5740-1202-8

Ⅰ. TU-856

中国国家版本馆 CIP 数据核字第 20242JS448 号

环境设计创意思维与程序

HUANJING SHEJI CHUANGYI SIWEI YU CHENGXU

招　阳　著

责任编辑　王馨雯
责任校对　赵君曼
责任印制　黎　伟
出版发行　四川美术出版社
地　　址　成都市锦江区金石路 238 号
成品尺寸　210mm×285mm
印　　张　6
字　　数　150 千字
图　　幅　50 幅
制　　版　廊坊市鸿煊印刷有限公司
印　　刷　廊坊市鸿煊印刷有限公司
版　　次　2024 年 10 月第 1 版
印　　次　2024 年 10 月第 1 次印刷
书　　号　ISBN 978-7-5740-1202-8
定　　价　68.00 元

序言 >>>

能够探讨环境设计过程中的创意设计思维是本书的初衷，目的在于加深对原创思维的认识，揭开思维方法理论的神秘面纱，探索一条能促进原创设计高质量的途径，同时促使业主、使用者以及项目合作者等能更好地理解设计方在创新过程中对各种情况的把握与应用。在当前 AI、参数化设计工具平台的辅助下，设计师的角色、思维及工作过程又面临许多微妙变化。

随着本书内容的展开，通过对设计及设计教学经验的反思，设计师访谈、实验观察的总结，并根据所掌握的相关资料快速拓展并连接，使这一“求解”的过程充满了矛盾。虽然长期从事环境设计工作，但我对于设计创意思考过程是陌生的，好奇心促使我倾向于摸索探寻这个广阔的领域。

随着设计过程理论体系的逐步完善，除了对设计经验及作业过程的观察、反思、比拟，内观其思维过程外，越来越多来自不同知识背景的学者也参与到研究中，他们采用了多样化的方法探寻创意活动，正如在创意挖掘过程中，可以经常在边界和角落洞见“宝藏”一样，从日常的生活、历史、哲思到跨学科多边界知识，再到不同类型的艺术设计，通过广泛的视野和层面了解设计师的思考路径，更容易找到创作过程中创意思维的本质 。

本书的论点与中心思想是建立在布莱恩·劳森教授的“设计问题模型理论”的基础上，主要内容是拓展在环境设计过程中具有创意思维的部分。我从事环境设计与设计教学两个工作，平行进行的工作刺激着我去质疑每个不同的方法结论及其应用体验。自 2012 年，我开始在本科高年级的教学内容中加入创新思维理论，其目的是减少一些“硬搬”的粘贴式设计，以提高原创的效率，但更多还是延续已有的设计方法与程序，以及图像形式，未从思维活动、设计行为方面进行微观的探究；2016 年，在“建筑模式语言理论”的启发下，我发表了论文《景观创意理念初探》，基于展会设计及地产类景观项目设计的积累，提出了以“组装”获得场地布局到细部设计的“研制车间”设计模式，但发现这种有助于形态生成的方法不能很好地回应环境活动的“机能”问题；2018 年，我在硕士研究生论文中提出“设计定位系统”的构想，以设计限定和场地活动策划为基点，初步构建了一个有助于设计思考及执行范围的导图模型，将模糊而多样的活动诉求与场地因子的关联性进行综合和微观的思考，这与当时接触的旅游及公共用地项目息息相关。

在限定理论体系研究中，多方面的设计约束是创作的必要养料，它并不决定设计创意会如何生成，但它会在设计内外孕育灵感，在这个过程中我们需要同时解决多个问题，在多个“答案”的并时执行下推进整个工作流程，问题交织到一个时间点时，创意理念才可能会迸发。因此，在赫伯特·西蒙经典的思维过程理论结构中“关注问题、解决方案、评估”的过程成为一个具有普适性的方法，成为生成设计作品的一条通道，并在实际运用与跨学科研究中形成一种“方法程序”。但是围绕设计问题、解决方法的设计思考，一一对应、亦步亦趋的方法并不是创作过程的本质。

创意思维由线性与非线性思维组成，与均匀有序、清晰的线性逻辑相比，非线性思维是自一点的跳跃、多线并行或是从一个面的游离发生，成为创作思考活动的关键。吉尔·德勒兹的“去中心学说”为非线性设计思维提供理论支撑。非线性设计思维一直以来又需要借助线性思维的程序技巧构建“入口”和铺设“道路”，以通达挖掘创意的路径。今天日益成熟的参数化技术平台把设计师从一般的理性逻辑综合分析、图像制作的劳力中解放出来，使得深入探索创造中感性因素的活动规律与情感化思维的描述越显迫切。

“科学家在探索未来，而设计师则直接制造了未来。”一直以来，旧人用过去的经验策略传授给新人，让他们去解决未来的问题，著书在当下高速更迭的现实环境下已显得不合时宜，正如环境设计作品在其完工时已经招来“过时”的非议一样。但未来总需要在某个经验支点上变化，经验既是牢笼亦可以是机会，所以我还是勇敢一试，希望能够探寻或接近设计智慧的思维“宝藏”。引用德勒兹学说中对“解域”与“逃逸线”的理念解释，突破和每次的前行是需要有一个被否定的结构“框架”，希望从业人员、读者、同行和师长们可以根据我所提供的思路，继续测试、打开并跳出这个框架。

招　阳

CONTENTS

目录

第一部分　设计过程解析

1. 设计思维模式

综合与拆解

如果说好的设计通常是对一系列问题的综合反应，那么反言之，一个设计项目所包含的一系列问题也可以被一一解析，就像机器零部件可以一件件地被拆解，并解释其对应的综合作用所产生的结果。采用切分的手段来分析他们工作程序的方法，在解构主义开始流行之前已被设计师应用。将各部分的性能分别弄清楚，从而将不同的功能分解开来，高技派理查德·罗杰斯认为，每一个特定问题都需要找到最适宜的解决办法，这种拆卸和组装的做法，使得设计过程形成一个个节点，让设计作品本身成为一台“机械”——成功地从环境中分割出来并独立运转。与克里斯托佛·亚历山大著名的“模式语言”理论类似，其主要手段是将问题分解为几个部分，进行一一分析，再最后进行综合。这些设计意识正好被柯布西耶“建筑就是居住的机器”这个早期理念概括。

1969 年赫伯特·西蒙在《人工科学》中提出了一种把设计过程切分为五个阶段的思维模型，在设计分析、综合过程中加入“检测”环节，使得设计过程成为后工业时代产出创意的一条完整“流水线”，建立了一个基于现代设计活动的、“从人出发”的思维方法模式，得到了一种“创造解决问题方式所需要的协作方法”，并针对当下不同的应用领域又衍生为包含三到七个阶段的模式变体。为了更好地理解创造思维过程的本质，有必要先对该经典模式进行分析。

概况与特征

五阶段（如图 1）即①共情：试图理解用户，与用户感同身受；②定义：洞察用户的需求、问题，并重新定义；③创想：通过挑战、假设和演绎、发散来构建解决方案；④原型：创建真实可验证的解决方案；⑤测试：测试模型。设计思维一开始是针对工业产品生产和开发领域提出的流程，通用电气、三星、谷歌等企业很早就运用了该方法，后来扩展到许多不同设计领域，包括软件开发、销售、媒体等各种领域的创新，艺术、音乐、文学、科学、工程开发和商业等领域的创新者也都在实践。

“设计思维是一种解决问题的方法，它依赖于一套复杂的技能、过程和思维模式，可以帮助人们找到解决问题的新方法。设计思维可以产生新的对象、想法、叙事或系统。设计思维令人兴奋之处在于任何人都可以学习。设计思维可以对大众做出承诺：一旦掌握了设计思维，任何人都可以着手重新设计影响我们生活的系统、基础设施和组织。”

——雪莱·戈德曼，斯坦福大学教育学院

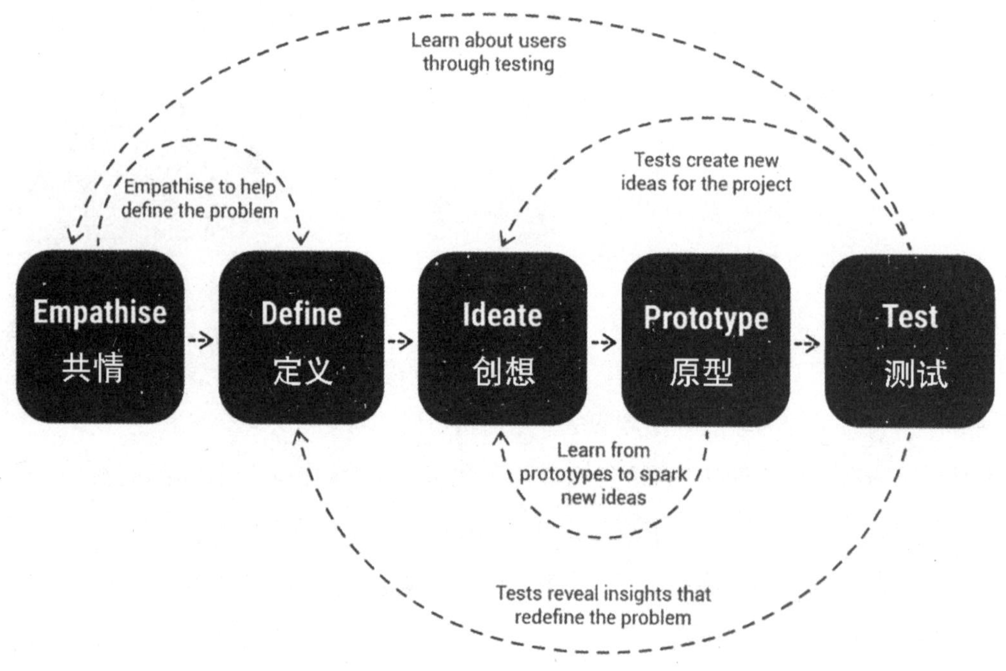

图 1　五阶段：共情、定义、创想、原型、测试

设计思维不再是设计师的独享程序，企业主管、销售、科研人员以及其他行业的从业者都可以学习和使用，它可以解决拓展业务、组织策略乃至日常生活中的各种问题，世界各地的顶尖大学都开设了设计思维理论的相关课程，以不同的角度观察、探讨现象作为切入点，重新构建、挖掘潜在问题，试图解决一些定义不明的问题或需求。持续性的实验、草图的绘制、原型的设计以及探索创新性的概念也会运用到设计思维。

在接触设计思维的概念时总会遇到“非线性迭代过程”的抽象描述，简而言之，设计思维是基于发现、分析问题后，探索若干解决问题的方案，再制作、模拟方案模型或拟定计划，待测试方案通过并获得其反馈信息后，又回到发现、分析问题、提出方案的循环流程内（如图 2）。每一次得到的测试结果会被用来作为下一次流程的初始值，通过多次循环后得到最优方案，这个线性循环的过程称为“迭代”。这个过程可以帮助我们重新注意到一些问题和盲点，并有机会寻求更适合的解决方案，但这些往往并不会在接到任务的第一时间被发现，因为我们当时的认知远未达到多次迭代。

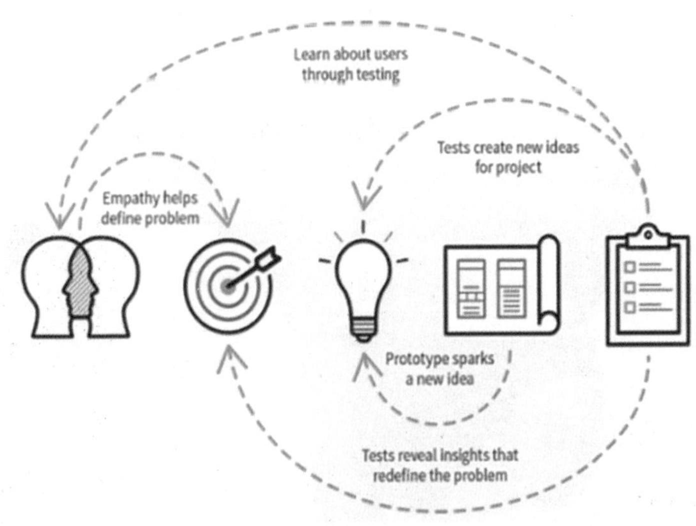

图 2　线性循环的过程

设计思维理论认为，被切分的五个阶段并不总是连续的，个人或团队可以同时运作它们，并且不必按特定的步骤运行，迭代的环弧可以指向不同的板块重复迭代，关键不是顺序，而是找到有利于项目设计进程的迭代板块，从而获得创意突破。他们把设计方法定义为“非线性”，然而在设计思维的图解过程中始终可以找到明晰流线，即使多个线程并行依然如此，设计步骤往返方向的改变亦总会沿自一条通道，且将每个阶段叠加的分析结果综合到下一环节。基于这个情况，我们有必要进一步探究线性与非线性思维过程的本质及概念。

线性与非线性思维

线性的概念来自代数，是指两个变量之间的关系可以用直角坐标系中的一段直线来表示，是一组齐次的、信息指向明确的叠加关系。线性思维是指思维沿着一定的线性轨道（直线或曲线），寻求解决方案的一种方法，即人们在生活中通过累积各种事物、行为、思想等，进行分析、综合，形成一一对应且有直接关联的思考方法，有明显的二元特征。

> 简单性问题属于那种包括两个基本因素的问题，这两个因素在其行为中有着直接的关系——两个有着直接联系的变数……简单性问题是科学首先需要面对和处理的。
>
> ——简·雅各布斯

线性思维是人类在自然活动中总结出的经验和掌握知识时形成的逻辑思维习惯，即用已知推导未知的思维逻辑，并用熟悉的经验积累来判断和面对问题，这种思维模式通常被称为“认知模型”。当我们遇到外界环境中的刺激（触点）时，这些信息和关系会在我们头脑中被激发出来，习惯性的想法帮助我们在相似或者熟悉的环境下快速做出反应，却也很可能妨碍我们开发和拓展新思路，非线性工作方法帮助人们在一定程度上跳出既定的思维框架，如：有一个关于“椅子”的印象，即包括椅腿、扶手、靠背和其他一些可感知的特征，当环境刺激与这一模型相匹配时，我们就能马上识别。但如果需要设计一把椅子呢？当这些熟悉的思维模型被自主激发后，它会影响我们的判断，阻止我们构思更有新意的方案，阻碍我们看到超出自身思维局限的问题。埃罗·阿尼奥设计的 Pony、Tipi、puppy 椅子系列让你不觉得这是椅子，这些设计似曾相识且亲切，但难以描述——它们跳出了“椅子”的单一定义，也被称为“情感化设计”（如图 3）。

图 3　跳出“认知模型”的椅子

线性思维与非线性思维在设计思考过程中是一种交替运用的过程，形成“纵横交错”的思维运作状态。大多数项目设计者会从理解用户需求开始，从一个简单、平衡、有序的纵向线性路径，找到一个“入口”，并跟随着各种线索走向挖掘“最终答案”的路径。创意的产生经常与感性思维相关，感性思维是横向的，我们的思维经常会在开放的、不确定的层面“游荡”时捕获到设计的灵感。感性思维是典型的非线性状态，直接决定创意的产生及其质量，是整个设计过程的基础，是人们跳出认知模式的局限获得优质方案的关键。

自 20 世纪中期开始，基于复杂的科学理论探究，模糊理论、混沌学、耗散结构理论、非标准数学分析等理论的建立，人类挣脱了欧几里得几何体系之下经典科学的束缚，开始研究简单有序的线性逻辑所不能解决的问题。而自然界、动植物、微生物、人体以及社会现象在内，都以动态、不规则、远离平衡状态下复杂而有序的结构呈现。

给人们展现了远离平衡态下动态的稳定化有序结构；揭示了自然界丰富的复杂性；清除了时间与空间的二元对立，表现了时空统一共呈的状态；歌颂了高度的连续性与流动性。

——徐卫国《参数化非线性建筑设计》教学笔记

非线性最初影响到工业产品制造业，表现为在工业产品的个性化倾向上，大生产环境下开始走向非标准化形态，在后工业时代更是将非线性理论拓展到服务业、销售策划及传播活动等领域。此时人体工程学、影视技术、市场营销学都进入一个高速发展的变革时期，赫伯特·西蒙的设计思维模式则产生于这一时期，该阶段有以下三个基本特点：

①人本——以人的需求为起点，研究者重在考量物质功能和人性情感，对比分析用户与产品的交互行为，其解决问题的因素和结果都指向人。如对情感、需求、动机和行为驱动因素的类比与推断分析。把人、物件放到一个特定环境进行观察，洞察人的行为，验证之前的推断与构想未知的策略。

②切分——在设计的起始阶段遇到庞杂的描述或复杂的概念时，通常会把问题、目标拆解为更小、更易于理解的组成部分（如图 4），观察并记录、解释、收集细节和数据，把筛选后的细节信息如破案线索一样拼凑、组织在一起，进行归纳以形成整体想法（如图 5），以“创建问题陈述”为目标，即概括出见解和目标。

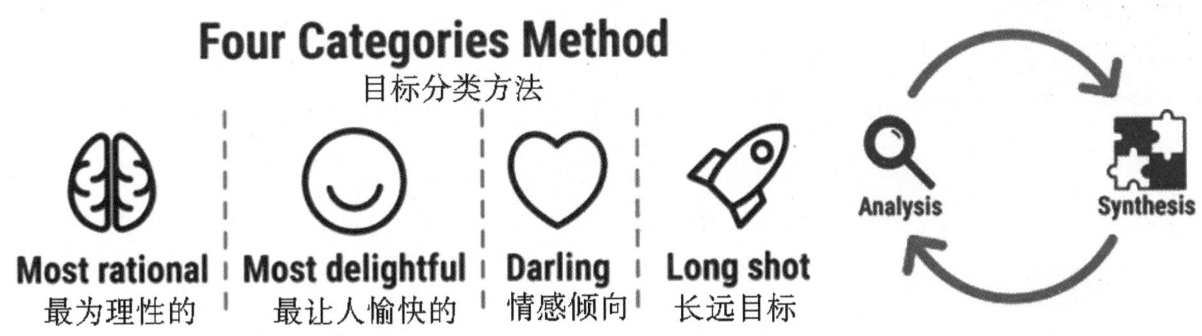

图 4　目标与切分

图 5　归纳与组合

③连续——分析和综合在设计思维连续发生的所有阶段，经常在综合新见解之前分析情况，然后再次分析综合后以创建更详细的综合。设计思维的一些线性逻辑活动（如图 6）包括：共情、定义、创想、原型、测试；在最后的测试阶段通过对方案仿真模拟，观察用户在典型环境条件下的使用情况，将反馈的信息投入连续循环的迭代，呈闭合状态。

图 6　线性连续逻辑

作为探求具有突破性的个性化设计构想方法，在“创想”阶段运用了多种推动个人和团队进行发散式思维的手段，同时通过打破有序的工作线程，开展一些对无法界定的模糊元素的研究，从而洞察未知的问题，以制定对应策略。但就其整体的操作而言，呈现出典型的线性特征，具有明显的工具思维。

大生产化经济的主要特征是把物件从环境中分割出来，使得自然环境的资源商品化、私有化，即追求一个商业化动机下的人造产物，从而脱离自然。资本、服务、活动策划甚至是构思、理念被物化，纳入生产“流水线”。然而在标准化的线性流程上产出个性化的构想，还是存在许多需要持续印证和反思的部分。虽然如此，在设计思维模型中，还是有两个与非线性设计思维相关的、具有价值的思考模式：

①逆向思考——把最初的问题作为一个建议而不是最终的结论，然后思考这个问题背后的动因，探索真正的问题。设计问题与解决方案本身经常存在因果倒置的情况，如：在古镇改造项目中，其修复的答案就在现有基础上，将有价值的故事、痕迹形态、旧有器皿、重复出现的符号等有价值的在场参照物直接解构和演绎。逆向思考有助于快速推导有价值的见解，有时还可以从原型的“测试”阶段开始，经典案例我们会在后面的部分进一步阐述。

②边界思考——相对于跳出框架思考，更多的时候我们会待在的边缘和角落。边界思考被拓展为洞察认知以外的一种方法，对开发具有未来意义的产品有重要意义。在共情阶段，设计师不得不跳出自身的认知框架，从设计之外思考问题，成为跳出定向思维的起点。另外，在考量用户需求时，不会只关注主体目标受众的问题，还要同时鼓励关注特殊需求群体。如：一个商场里无障碍通道设计，不仅仅要考虑身障人士使用，还要留意日常货架上装卸、运送货物的工作人员，以及带着几个孩子、满载货物的顾客，并且需要考虑在极端情况下奔跑、缓慢移动、停滞等各种状况。少数用户的需求往往与大多数人的特殊情况重叠，关注特殊需求群体一些无法描述的潜在需求，挖掘设计盲点将非常有设计价值。

小　结

设计思维方法模式的核心是对问题的挖掘，目前研究者——其中包括许多非设计专业的学者，譬如媒体、电子计算类跨学科人员（这是一个独特的现象）又为每个阶段的设计实践衍生出多种思维工具，形成庞大的候选工具箱，为构建智能算法决策系统提供训练资源。线性约束系统与非线性的混合逻辑在参数化建筑的形态创造上，正以一种自组织的方式实现多模型辅助设计，这使得人和数字系统的合作与有机连接分工明确，在这种新的工作形式中，设计师除了在问题描述和信息筛选上要有所作为之外，更重要的是回归到专注创造活动本身，关注模糊想法、随意生发的“点子”、感性的描述等一系列非线性思维活动中。

2. 环境设计与设计思维模式

关联与混合

在艺术设计与科学高度融合的技术作业背景下，设计从工业时代被物化的工具思维模式中进一步得到了解放，设计构思显然不可能像模具一般被批量生产，设计过程更是基于项目的性质和具体可操作的情况而做出的思维工具选择，只有差异化的过程和方法才会产生真正的非标准化结果。

与产品设计及其他可视化设计相似，环境设计的过程也是对各种影响因素的研究，通过提炼和综合，把各影响因子从概念发展到形象，而其结果也最终以可视方式回馈到环境中，显然设计的视觉语汇很重要，但环境设计过程是通过协调多重空间关系以解决环境的综合问题，视觉语汇是设计思考过程中寻找问题与表达构思所需要借助的工具，并非设计思考活动本身。环境设计过程呈现广泛关联和高度连续流动的混合状态。

以某个居住单元外部空间的矮墙设计为例，墙体既可以显示住房的户数和单元，也可以提供相应的照明界面，同时还可以成为置台，为户外临时就餐提供座位。在设计中一般会避免某一物体只与某一特定功能联系在一起，案例中的矮墙即如前面提到阿尼奥设计的椅子，这已经不是一个单纯定义中的墙体，它可以是任何东西，区别于产品设计所既定的形式。设计始终在考量与环境以及其他要素的关系，以求通过妥协与折中达到适宜度，好的设计要素会在长期的使用过程中与其他要素“生长”出黏合的机能关系，甚至跨出设计之外，与工程建设、实施计划等因素广泛关联。环境设计的过程不能直接应用设计思维方法模式中的步骤，而归纳为以下五种特质：

①环境的不可分割性。在大生产时代，城市规划和建筑设计领域像其他人造物一样从自然土地中独立出来，成为能批量生产的商品。从工业时代前后以几何象征形式处理土地环境，到现代主义时期更是把这种线性物理理念推向极致，然而以单一概略的方法处理有序而复杂的土地环境空间这一做法一直受到质疑。科技的进步成为利器，推动了无限膨胀的商品生产，以物品倾销的方式向空间设计领域深入发展，然而土地、建筑、空间并非物件，空间是“场”而非“物”，是集结人并生成事件的综合场域，是物的“母体”，近至周边条件，远至历史文脉、地方文化习俗，上至政策环境下至经济条件，有形和无形的条件把土地的内外空间紧紧地黏合在一起。

②以“环境为本”。环境虽然为人服务，但在环境设计考量中，特别是涉及物理尺度大、公共程度较高的环境，所关注的群体目标与重心各有不同，呈现出一种流动的、随机的、随时变化且层出不穷的综合问题，无法只“专注于对用户最重要的事情”和客户项目所需求的范围，不仅仅只考虑“人本主义”中的个性化设计，更需要以非线性科学的态度和方法处理人和环境的设计问题。环境设计需要考虑到的是生命体、生物环境的“大局”，但从广义而言，环境比人类更为重要，对环境可持续的理念特别是环境保护方面，是以环境为本的。

③多边界并进。由于环境设计还涉及现场环境关系、公共需求乃至文化习俗等广泛内容，是一个信息关联体系建立的过程，即需要一个多信息并进联系的思维。此阶段设计者需要像记者一样了解、收集项目的相关信息，采访、观察、追踪现场线索，以开放、广泛联系的思路涉猎项目内外的事件和

素材，扩充相关的边沿信息。此外，还要满足项目设计里多维度的认知需求，了解场地相关者的需要，收集、关注基地环境及周边活动行为的数据与特点。

例如：解决城市公园的使用问题，若只是紧盯问题本身，就无法抓住本质，因为在不同的城市空间环境，公园会呈现不同的机能和情况。谁使用，什么时候使用，这与城市外部用途有密切关系；周边房屋年龄，人口比例，街段的大小、流向，决定了公园用地内部切断与融合的各方面策略，不是由单个问题要素或几个“主要的因素”影响产生，而是混合关系产生影响的结果。

④定向发散思维。针对初学者而言，工程设计方面需要更多细节的设计，而在实际操作中，特别对于有经验的设计团队或设计师而言，常常不需要过多的“头脑风暴”，最多发散三个以内完全不同的方案。环境设计一般会在相似情况的样本中寻找出路，特别是成功实施并使用效果不错的设计作品，是从相近条件的“答案样品”继续探索更多设计问题，然后综合最优方案。在设计思维模型理论中针对每一个问题都能有对应的解决方案，例如“满足低预算的需求”“具有良好景观（视觉）效果”“能促进人的交往的空间”等，针对不同问题的侧重，对应产生多个不同的解决方案。把这种发散方式定义为“非线性”未免牵强，而在环境设计中经常必须同时达到多个目标，需要高度综合众多问题，将模糊而多样的功能有意识地“混合”到环境之中，这就是非线性设计过程的本质。

⑤无法进行迭代与测试。设计思维模式的测试阶段是打磨设计、发现更多关键问题的节点，是迭代的重要手段，与建筑设计和规划设计一样，环境设计的原型不是批量生产的商品，而是昂贵的一次性“真家伙”，虽然能从精确而可靠的等比实体模型和虚拟模型中看到最后的环境外形，但设计师依然容易跌入对图像反复修改的工作误区中。今天的可视化交互技术又进一步而把真实空间视觉体验推向极致。

澳大利亚一家公司将集成的全息投影和 VR 技术相结合，把设计方案以 1：1 的比例投影在展场地面，想装修的客户可以感受更真实的房屋空间布局，所有的家具都可以按照业主的想法随意摆放，觉得不合理就由设计师拿着电脑马上调整，并即刻投影至现场，业主还可以看到房屋装修材质的真实细节（如图 7）。这个举措使设计更容易被接受，减少了风险，提高设计效率。然而虚拟场景无法模拟房屋周边环境的实况，以及投入真实使用之后可能凸显的各种问题，对环境模型的使用评价大多还是来自人们的想象和推断，不太可能获得完整有效的可靠信息。

对于空间而言，时间和过程是检验的基本和关键。设计场地必须坐落在更大的环境场所下，在日常事件交集和场地的反复使用下，潜在的问题才会出现，越大规模的空间场地越是这样。实际上，环境设计中有价值的反馈信息大多是在施工过程中，设计跟进和交付使用后的监测反馈中产生，例如：植物养殖及设施使用出现问题的时候，设计师需协助物管进行补救和处理。设计方会在这些过程中持续设计并积累有意义的评价与反思，而这些反馈信息指向的是今后的其他项目设计该怎么做，并不构成迭代的闭合状态。

图 7　呈现真实比例的设计场景

小　结

在科学发展早期，牛顿现代科学一直在线性范围内发展求解，即以线性关系来近似地认识自然事物，试图运用简单的物理定式求解问题。现代主义设计也是这一时期的产物，功能主义、理性主义以“少即是多”的姿态宣讲机械时代的理念。然而无论大自然或是人类社会都是一张由“非线性”编织的网，非线性思维强调并置、自由的非均质状态，比线性逻辑更能揭示变量之间的真实关系。随着生命科学的重大发展，处理“复杂而有序问题”[1]的技术广泛运用到行为、生态环境、社会科学等领域中，对处理城市规划和环境景观有着直接的影响和启发。非线性思想为后现代哲学家吉尔·德勒兹与心理治疗师费利克斯·加塔利的非整体化思想、去中心学说、推崇即刻性与偶然性的观念找到依据。突破时间和逻辑的线性轨道多元混合、任意跳跃的生发，是非线性思维的主要特性，也是环境艺术创作活动的核心内容，同时也是环境设计过程中创意思维的关键。

3. 设计过程的图示解析

分析与综合

许多学者尝试用图示表达设计过程的始末，我们可以看到设计思维模式的流程图。这些图示基于分析、综合的理性逻辑，由依次发生的、清晰可辨的一系列行为步骤所构成了线性秩序，从问题阶段开始到最后正确“答案”——解决方案的出现，显得理智并合乎逻辑，并理所当然地认定这就是设计过程产生的创意。正如前文所说，设计思维模式有诸多不适用于环境设计之处，但作为讨论和研究基础，依然需要借助图示来切入设计过程。基于环境设计专业的特点，一般会把设计过程划分为四个阶段（如图 8）：

1 简·雅各布斯：《美国大城市的死与生》[M]，金衡山译，南京：译林出版社，2006 年 8 月第 2 版，第 429 页。

第 1 阶段：信息吸收。全面涉猎相关信息并将其条理化，掌握且明确相关的设计问题。对应设计思维中的“共情”与“定义”的过程，在充分理解项目性质和要求的基础上，进行广泛搜索，拆解、对比、鉴别关联信息，取其精华。

第 2 阶段：综合推导。归纳整理设计问题，分析问题的本质，推断解决方法包括获得解决方法的手段。对应设计思维中的“定义”与“创想”，从多个问题中筛选出关键，进行推导思考。

第 3 阶段：发展与演绎。与第 2 阶段同步但独立进行，发展并提炼出若干个可能的解决方法。对应“创想”阶段过程中产生的“原型”，把各种设计构思生成图纸或模型，作为推敲与交流设计的基础。

第 4 阶段：沟通与评价。针对较成熟的解决方法，与设计团队内部和外部人员交换意见，其中包括但不限于：项目业主、使用者、专家、施工人员、第三方等。此对应设计思维中的“测试阶段”，在环境设计中该环节一般被多方采访、研讨、鉴别的评价反馈所取代。

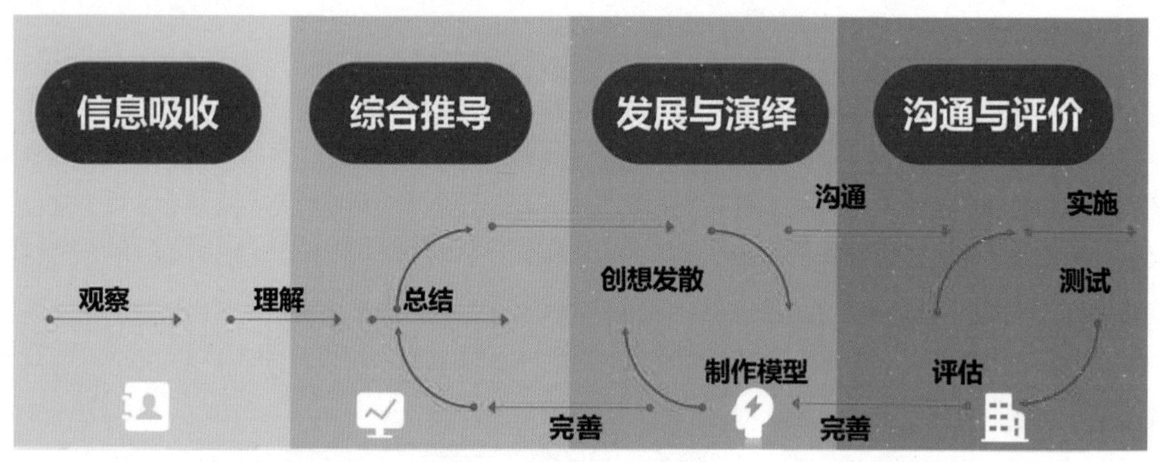

图 8　设计四阶段过程图示

通过考察设计实际操作过程，会发现这四个步骤并不总是能分割并按照顺序依次发生的，许多运作并非清晰连续，事实的情况要复杂混乱得多，很难顺利推导出一个必然完善的方案，四个阶段之间会发生一些无法预见的错位。

设计师可能都会有类似的体验，在构思、制作模型时（第 3 阶段）才发现方案与当初草案的初衷相悖，有时候甚至到了与客户展示沟通交流（第 4 阶段）方案时，才发现错漏和牵强附会，各种设计断层都有可能在工作过程中暴露。事实上，在进入综合推导（第 2 阶段）的时候也很难完全清晰第 1 阶段中哪些信息是值得储备、收藏或是被过滤掉的。

随着系统化设计理论的广泛运用，针对一些较大型的项目，设计师会基于《设计任务书》等基础文件做前期工作准备：踏勘现场、收集相关素材、对同类项目调研等，共同构成起始阶段工作。我们也会经常要求设计初学者提交《前期调研报告》并参加一些相关的课程。听取和阅读这些报告文件时，我会习惯性观察这些信息在后继的设计中将会产生怎样的影响。报告里很多的信息是学生们在设计之初跑现场、采访客户和用户、上网搜索辛苦收集而来，然而，他们通常很难从大量收集来的资料中找到对他们最后解决方案有实际作用的信息，也无法识别有价值的内容和素材，甚至会出现直接

“粘贴”或“罗列”，不经“消化”的情况。直到进入发展与演绎（第3阶段），设计者在理解问题与领会相关信息上的盲点或缺陷暴露出来时，他们才又重回到第1、2阶段。

另外，收集资料没有寻找解决方案那么费神，因此总有人沉溺于这个舒适区，而陷入没有意义的拖延中。需要赶工时，专业设计师一般不会有这种情况，但许多时候会在广泛收集素材和分析材料上耗费时间和精力，而相当一部分信息在当下这个项目是无用的。

综合归纳、推断的思维活动其实在设计的起始阶段已经发生，基于原有的认知体验，经验丰富的设计师更容易在海量的信息中洞察到对设计起关键作用的要素，如同侦探会在人群中快速地识别出一张可疑的脸。正如前文所提及的，环境设计涉及高度综合的关联混合的特性，对于“相关”的需求和问题的甄别构成这一阶段的关键，也是重要的综合分析活动。设计师会关注影响环境使用和工程建设过程的前因后果，并自动地进入探讨问题本质的思考活动中，很多时候从接触项目一开始脑海里就会出现若干问题，这极大地帮助我们在庞大的资料中快寻找关键部分。而关于设计过程中的一些无法预见的跳跃，以及跳跃的频率，我们会在后继的案例进一步的探讨。

事实清楚地证明了这个图示存在与设计过程相悖的诸多问题，我们不必亦步亦趋地进入这一顺序。如果把四步骤图示展开，呈现在《设计任务书》各阶段的时间节点、工作目标和内容细节时，会持续地发现这一流程的更多问题 。以景观设计为例，分以下12个阶段：

A——接受任务（客户进行沟通、了解工作内容、确定项目小组）

B——实地踏勘（调研、采访、相关信息收集）

C——分析上位文件（确定项目定位、主要目标、拟定提案大纲）

D——概念设计（设计立意、概念初稿、草图即概念意向图）

E——方案设计（修改、完善并发展概念设计、绘制平面分析图、方案图纸和模型）

F——扩初设计（深化方案设计，明确植物、材料、管线等配置及场地产品信息）

G——详图设计（出图、工程预算书草案）

H——工程预算书

I——协助招投标

J——协助项目施工

K——现场施工服务（协助挑选材料与家具、处理现场问题、及时修改方案及补充图纸）

L——工程完工（验收、竣工图绘制与决算、交付使用后跟进）

概括为五个主要板块（如图9）：A～C——前期准备阶段；D～E——方案设计阶段；F～G——施工图设计阶段；H～K——施工服务阶段；L——后期跟进阶段。

整个项目建设过程为业主提供的沟通交流服务不少于五次。过程中A～C会与业主、使用者、勘测员、工程师深入交流与配合，是获得初始信息的重要环节；D～E为设计的核心工作流程；F～I为协助业主或委托方作成本预算及招投标事宜；J～K为协同施工方进行设计实施，解决随时会发生的现场问题；L为成果的反馈阶段，一般针对较大型的项目，需要提供竣工图纸协助，是对设计的真实检验。从上面的叙述中我们发现，“工作计划”的实质，并不是分析设计思考过程本身，而是罗列设计方在每一阶段必须完成的任务内容，涉及建设项目审批、实施、监督过程中与各方的配合及应提供的各种服务，以及包括发生在各个阶段的沟通交流环节。理论上，每个阶段都可以返回到之前的阶段进行反思和检讨。

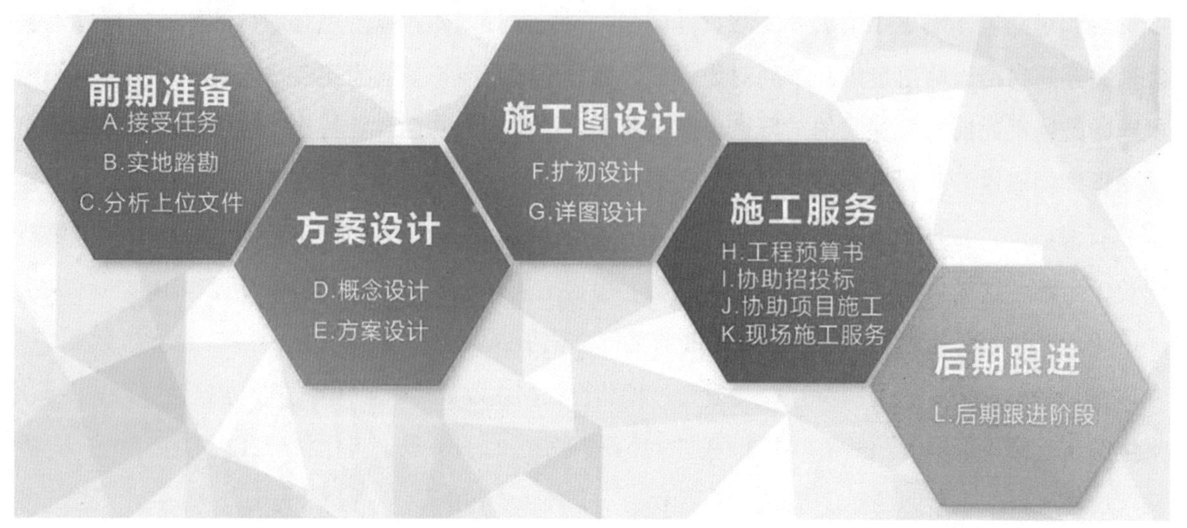

图 9　景观设计流程五板块示意图

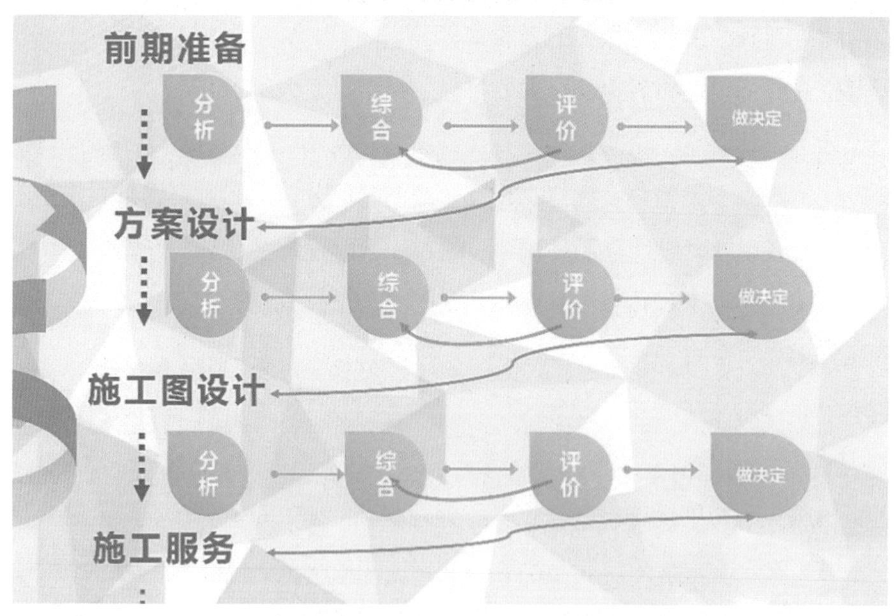

图 10　项目建设流程下的设计四个步骤线程示意图

《设计任务书》的主要作用是作为商业交易的一部分，告诉业主在某一工作阶段将得到什么，并提及设计师完成了相应工作内容后应获得的报酬，并非完全只描述这些工作是如何完成的。在一些项目中，工作计划作为建筑师工作及项目销售宣传的一部分，我们从流程中认知到更多的是项目建设流程及工作记录，不是设计过程本身，我们可以从这些流程结构中获得启发。

设计方法理论学者对项目建设的整体流程结构做了更进一步的划分和细致检查，以分析、综合、评价、决定构成了一个贯穿项目建设主线的图示，每一个阶段都经历了四个步骤的流程，应用上一个工作阶段的成果推动下一阶段的前进，呈向前滚动的线性状态。

图示以分析与综合的循环往返的线性思维活动为基础，表达的是不同阶段的工作环节、要求及反馈的信息，这些是推进设计过程的关键因素。事实上，设计活动贯穿环境建设项目流程的各个环节，不止方案及施工图设计工作本身。很多有价值的设计问题和信息直接来自前期准备、后期跟进，许多时候远离设计核心工作的环节反而是影响设计的关键因素，超出项目建设流程“边界”的因素更可能启发设计师，如交付使用后，跟进活动反馈的信息虽然无法对当前的项目产生更多作用，但仍非常有意义。虽然设计师很多时候不会像设计研究者一样刻意地进行项目总结和经验反思，但当进入下一个项目设计时，这些经验总会有意无意地冒出来，帮助在“信息吸收”“综合推导”的工作中更好地甄别、筛选相关信息和关键问题，并快速识别一系列设计内外的关系。另外，“沟通与评价”经常成为设计活动转换的重要因素，导向思考方向的起因，让“输入”与“输出”成为启动非线性思维的“触点”。（如图 11）

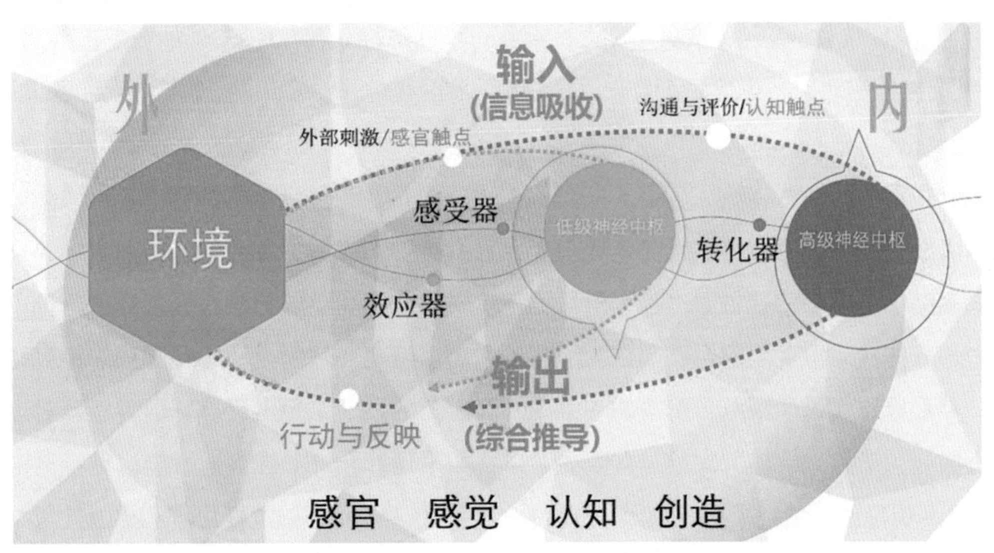

图 11　设计活动中“信息吸收”与“综合推导”的思维过程图示图

设计过程解析

方法图示理论认为，设计思考的“过程”与做出决定的“程序”是两部分：①过程，即涉及构思经历哪些步骤；②程序，即涉及步骤发生的前后顺序。这就揭示了在设计步骤清晰详尽的情况下，程序成为影响设计思维活动的关键因素。

> 大多数的设计就是这样，在你可支配的时间里，你发现了这个问题，找到了那个问题，然后做出了一个综合决定。可你很快就会发现有一些问题被你遗漏了，你不得不再重复一遍前面已做过的步骤，对综合决定进行再修改……
>
> ——赫伯特·西蒙于曼彻斯特召开的有关设计方法的会议上提出

在展开设计过程描述之前，先对设计方法论中频繁用到的“分析”“综合”“评价”这几个概念进行定义。“分析”是探究各事物之间的关系，对事物进行分类并加以识别的行为，分析让逻辑条理清晰。“综合”是不断尝试并向前推进，是要对问题做出回应，即找到某种解决方法。“评价”则是针对综合过程中提出的解决方法，进行质疑与鉴定。

这里引用一个非专业的例子解释这三个步骤，通过下象棋时的思考过程为例，来观察分析、综合和评价这三个步骤在实践中是如何相互关联的。首先，比赛规则允许选手通过研究双方棋子之间的关系来分析自己当下的形势：看自己的棋子是否受到威胁和被怎样威胁，在哪些区域中棋子会受到约束或保护等；其次，就是确定自己的目标，当然终极目标是获胜，但在一定的阶段，是先攻还防，是先顾眼前利益还是做长远打算，则是需要权衡和判断的；在综合阶段，就要对走哪步棋做出决定，例如，是牵制对方某个棋子，还是先把握时机移动棋子占领某区域，这些可能是一个考虑周全的策略，也可能是一个失之偏颇的举动。最后，在决定是否走这步棋之前，必须要根据具体的某一层级目标来判断该步棋的得失。象棋手考虑的招数，也许在后面被证明是冒进或愚蠢的，这种情况在设计中也会出现。在图示设计中，从评价返回综合，从后一步返回至前一步的过程（如图 10），就如在象棋游戏中做出“悔棋”的行为，即被证实之前一个想法不太合适，设计师必须重新进行综合，这就类似设计思维提到的“迭代过程”。

然而图示中箭头的返回，产生了另外一个问题，为什么只有从“评价”回到“综合”这一步的往返，难道寻找解决的方法不需要对更多问题进行“分析”（如图 12）吗？在象棋棋局角力中，即使是一个成熟的招数套路，也未必能应付层出不穷的情况，需要具体问题具体分析，而这种情况也频繁出现在设计过程中——在答案出现之前所有问题无法同时列出。因此在环境设计中经常只能针对每个阶段交流评价后，顺着原路线返回到综合阶段的答案中，以之前的推断结果再反思，同时也是对现实中有限的条件进行回应，毕竟“悔棋”次数是有限的。当然如果条件允许，推翻原有想法重新再来的设计行为也经常发生，但沿路返回还是另辟蹊径，这就是设计思维“迭代”的线性思维和非线性思维的区别。非线性思维显然倾向大跨度的变化思考，出其不意的举措背后是一种打破规则的观念，对原有“招数”的熟知和抛弃皆是构成这种思维的“养料”。

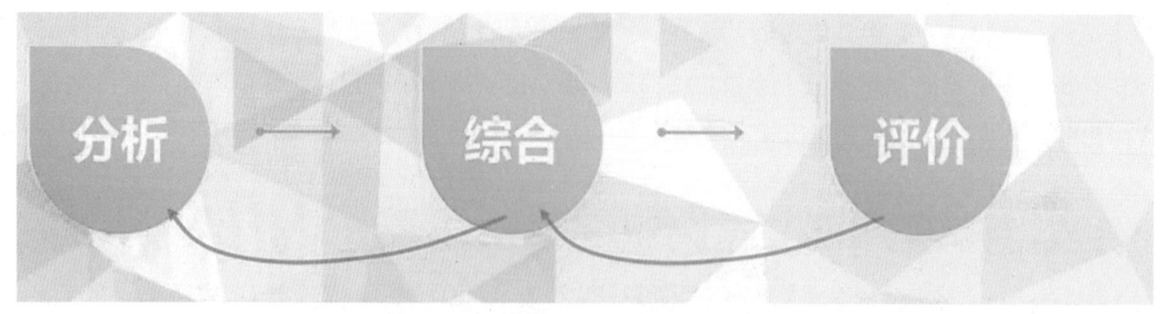

图 12　分析、综合、评价的思维回路

回到图示设计流程，设计工作按照从一般到特殊的往返活动，从“提案大纲”“方案设计”到“详图设计”的流动过程。设计师前期的工作步骤是关注空间整体进行组织和安排，到后期主要关注细节以及材料选择后的详图设计。而正如前文所述，这与设计实际过程相距甚远，和象棋比赛一样，我们不可能从一开始就解决所有问题，并且能很好地掌握它们。但有一点可以肯定的是，设计过程首先必须与整个工程建设活动紧密连接，与“对手”——需求、不同的思想、技术要求进行剧烈的角力与融合。在今天，设计的内与外的界线已经非常模糊，美国后现代主义建筑师罗伯特·文丘里有这样的见解：

我们都知道有这样一个说法：细节有时会改变整个事件的发展。你不必一定按照从一般到特殊的流程来做事情，但一开始就进行细部设计，常常会让你知道得更多。

正是出于上述原因，文丘里对于美国出现的将方案设计与施工图设计、把理念构思和详图设计切分的趋势表示不满。目前在我国，把两个阶段委托给不同的设计单位的情况非常普遍。而“设计与建造”分隔系统早在 19 世纪的英国已得到广泛应用，可见类似问题由来已久。捷克著名设计师埃娃·伊日奇娜，则喜欢从选择材料、装饰物和构造细节等节点开始做设计，构建最后的建筑空间：

……举个例子，假如我们对创造一些特殊节点有些想法，那么我们就能够做出一个好的设计，因为某些特定的材料只有用特定的方式才会良好地连接。

从局部衍生到整体的“逆向”工作程序，在工程实施技术模式和参数化设计平台完善的今天，显得更可行。实践告诉我们，即使同在环境设计的专业范畴内，不同设计师对这些工作过程的理解是大大相径庭的，基本是基于不同项目采取的过程和策略的具体表现，对某个项目来说，必须要在前期做出的基本决定，在另一个项目中则可能要在最后一刻才能解决。

例如：被评为“世界最佳设计”的迪斯尼乐园大草坪道路设计项目，设计师要求施工方先在基地出口撒上草种，等草长出后，提前开放园区。此后半年里，草地范围内被陆续踩出许多连接园内各景点的宽窄不一的小道。次年，设计师按这些踩出的大致痕迹，做了简单调整和材料确定后，要求工人直接进行人行道的铺设。案例通过投放实体环境场地到“评价”的环节，再进行“分析”与“综合”，公共环境的使用者无意中参与到设计原型的测试中，设计师几乎直接采用了这些路线，自然而优雅的道路结构，没有经历过多反复的分析、综合过程，更没有产生复杂的符号形式，设计像几乎没有出现过一样——从后期跟进阶段跳跃到方案设计，瞬间就来到了施工阶段，而最后的设计决定源自一个近乎自组织行为实验结果，设计师只承担一个“代理人”的角色，策划了一种不同寻常的操作流程，进而获得了设计结果。这里需要对获得这个创意成果的背景继续解释，设计师在整个设计过程中并非一帆风顺，此前已经构想出 50 多个方案，但仍未能筛选出一个满意的，乐园施工部已催促其定案，此时他出差偶然经过地中海，海滨附近有一座由老太太经营的无人看守葡萄园，投放五法郎即可任意采摘葡萄一篮，客人络绎不绝。受到这种“给人自由”的启发，设计师运用了这理念——运用场地原型“测试”，以公共步行为轨迹，“定义”场地设计的问题与需求。他采取一个与常规设计师截然不同的流程，而每个阶段的工作环节又存在着高度重叠和交叉，事实上，在此过程中设计师创造了影响设计决定的程序。受到外部因素的刺激，通过联想，唤起新的信息，激发了灵感，是典型的非线性思维状态。

图 12 的图示过程正如一个没有版图而只有路线的地图，我们拿着它无法找到创意的宝藏。而图 13 的图示，不再明确给出设计过程的某个流线，而是可以从任意一个入口开始，但它更像是一场没有秩序的游戏，从一个区域冲到另一个，以确定下一步该怎么走。懂得由分析、综合和评价组成的线性循环往复的过程，但并不会保证能把设计做得更好，像在大草坪道路设计项目中，设计师需要深入生活，认真思考亲自经历，设计内外所有事物，才能跳出框架，捕获创意。

图 13　更接近设计过程的图示

小　结

当逐字逐句描述设计过程非常吃力时，我也试图在绘制分析、综合、评价与问题、解决方案时拆解这些要素，与此同时，要素之间映射、镶嵌、重叠的关系依旧无法很好地概括表达出来，可能还会在视觉形式的驱动下把这些关系理想化，我由此体验到：每一个形象化的图示都可能是对一个非常复杂的思维活动过程的过度简化，无法反映设计思考活动的本质——在图示的设计过程中，把设计行为切分为多个步骤并按秩序发生，并不是推动做出设计决定的思考程序，也不是必然能“触发”创意的方法。

设计问题与解决方案具有互为映射的关系，分析、综合和评价行为包含在这一关系之中，过程中显示出步骤之间的高度重叠，分析与综合在频繁的交互运行中，经常处在高度重叠的混合状态，产生设计“问题与答案一起出现”的情况。基于设计思维活动中的推断，许多问题需要借助答案作为起点，即在现实中，通过可以把握的时间、可支配条件下的一个假定条件，经已有的解决方案反推设计的问题更容易些，在已有的“痕迹轨道”中寻找线索，可成为进入非线性思维的“入口”。

第二部分　设计思考的异样性

1. 设计思考活动

设计师不像艺术家，喜欢处于无人之境孤独思索；不像科学家，热衷于探索世界现状的真实究竟，也不像哲学家，会陷入无尽终极的思考过程。设计思维与建造相联系，并最终指向创造物质性的产品，我们必须对设计思考行为本身进行分析，以了解设计过程的本质。

思考活动广泛发生在日常生活中。当东西丢了，我们正在努力“回想”时，能顺着时间的线索拾捡记忆。回忆对设计来讲很重要，但并不是最重要的；当我们被要求“认真想一想你正在做的事情吧！”以集中精力的时候；当某些人说他们“期望”什么的时候，则是与“理性认识”相对、带个人情感色彩的活动状态。心理学家认为，人们喜欢做白日梦“是一种不能自制的意识流行为”，这种感性的状态对设计师有一定帮助，但不能单独构成设计思考活动。还有一种与“感性认识”相对的“推理思考”，这是一种通过有准备的努力来控制思考活动的方向，以达到预计效果的、具有明确的自我意识行为。

> 推理的技巧在于以下几点：在合适的时机抓住主题；提炼出几个可以概括总体的想法；持续不断地整理与总体想法相关的所有事实。一个人只有经过长期不懈的练习，认识到提炼和分析想法的重要性，他才可能成为一名优秀的推理专家。
>
> ——A.N 怀特黑德《1914 年总统对数学协会伦敦分会发表的演说》

很多设计师通过对一些假想或不真实的情节进行“思考”，从而构成想象思维，被心理学形容为“现实幻想症”。在这种情形下，设计师会像编剧一样构想故事及其场景。想象力的思考方式，是众多思考方式中需要我们重点研究的类型。

一项有趣的实验资料显示，针对理科专业与设计专业的研究生，在“积木组合游戏”中，由一套编入了游戏规则的计算机系统来判定所采取的积木组合方式是否能通关，两类学生呈现出了不同的思考方式。理科专业学生通过检验和淘汰尽可能多的木块组合方式，研究游戏规则，以获得最佳组合方式完成装置，而设计专业的学生则直接进行木块组合，如果组合方式被计算机裁判否定了，他们就另外换一个可能通过的新组合。理科专业学生的思考方向集中在掌握规则上，而设计专业的学生则尝试执行任务以完成目标；理科专业学生采取的是关注问题的思考策略，而设计专业学生则采取关注答案的行动策略。该游戏在两类专业的预科生实验中，则未明显出现上述差异：两组学生在解决问题上做得都不是很好，没有明显的通用思路策略。

通过以上两次实验的结果发现，不同的思考活动方式似乎更多是与人们接受的教育背景有关。理科专业的研究生所接受的教育使他们认识到必须采取一个“非常清晰的研究方法”，该方法是能够被反复有效地应用，其最终结果趋向唯一。而设计专业的研究生在一系列方案的“试错”行为中学习并进行鉴别，他们更关注对最后解决方案的评价，不太关心影响问题背后的规则，不会刻意地检验思考过程，也不会对各种条件进行太过深入的验证，在实际工作中，最后的解决方案往往不止一个，可能是无穷个。

实验案例推动了关于设计、思考、行为三个方面较为粗略的结论解释。①人们思维方式的区别源自个体对抽象或具象思维的不同倾向，而教育和不同性质的职业活动会塑造这种能力。②设计、思考的活动过程，是在寻找解决方案的过程中研究问题，而不是针对某一问题本身进行各种深入细致的探讨。③设计思考是行动和认知连续一体的动作——这种依赖于行动的策略是典型的工具思维。

2. 思维学说的源流

思考行为时刻都在发生，影响着所有事情的结果，但人们普遍认为不必对这件事额外操心。有一个奇怪的现象，设计师一般不会过多地去回想设计的思考过程，或刻意去研究它，就像“老司机”根本不会回想车是怎样启动的，因为问题自然而然地解决了。设计思维的过程看不见也听不到，甚至也触摸不着，涉及知觉和情感方面的研究，与认知心理学密切相关；在对思考行为的研究上，给出了许多思考行为过程的看法，每种不同角度的研究方式会产生许多相互冲突的观点。这里对三种主要的相关学说进行概略的回顾和摘要，以进一步理解设计思考活动的特征。

在现代西方心理学中，最早的关于思维的理论的确非常简单，“行动主义者”认为，思考其实是一种机械化行为，只不过它发生的地点恰好在人类的大脑里。后来，格式塔学派提出，要关注如何解决问题。近年认知心理学越来越倾向于将人类大脑视为一种信息处理器来研究，以设计“程序”的说法代替了设计方法的陈述，很多电子计算专业的跨学科研究者也对设计思维进行研究。

（1）行动主义者

行动主义者不认为人类比其他物种拥有更高级的思考能力。行动主义心理学家试图从单纯的“刺激”和“反应”之间的直接联系来解释思考过程。他们认为思考实际上只是一种潜在的语言，是一种“自言自语”的状态。一些试验发现，思考过程伴随有神经末梢的肌肉活动——肌肉记忆，但由于这种动作现象并不明显也并非必然，他们无法证明对思考行为本身是否能产生有效影响，“肌肉思考”的研究最终停止。

行动主义者桑代克认为，人类智力是由一个基本过程组成的，即联想。这种理论提出了一种纯粹关注大脑皮质反应的观点，即在思考过程中，每个反应都会被反馈，并作为另外一种刺激，引发下一步反应（如图 14）。研究者柏里尼在 1965 年提出：

> 我们在每种刺激下产生的众多反应中做出选择，最终形成某种思考模式。而做出选择的原因，仅仅在于哪种联系最为强烈，尽管这些联系可能会被我们的生活经验加强或减弱（如图 15）。

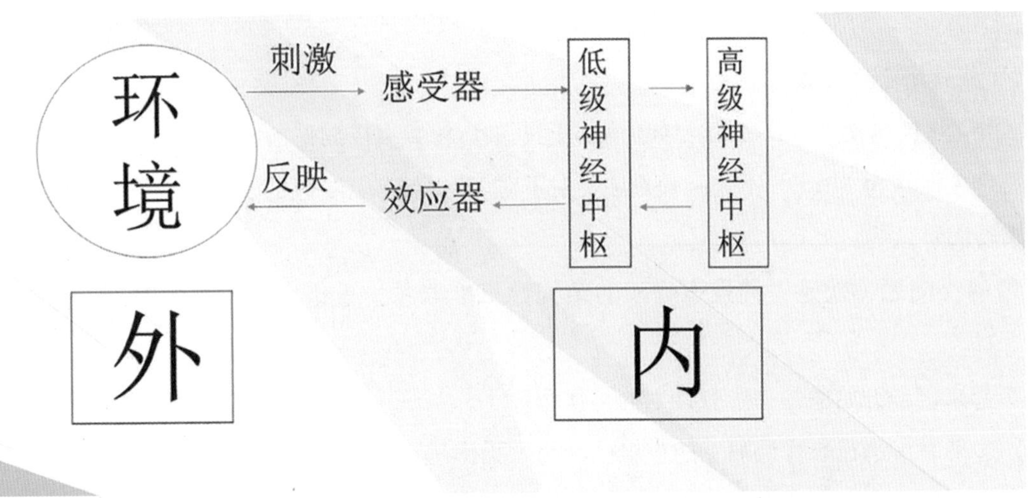

图 14　感、知觉系统对于刺激作出认知、联想等反应规律示意图

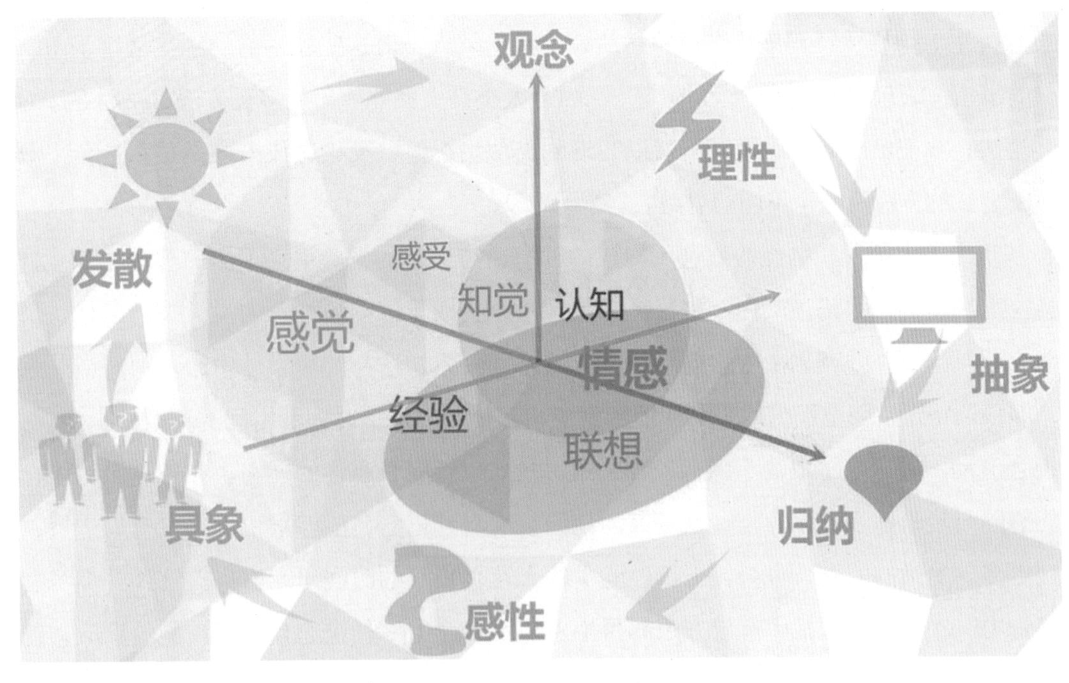

图 15　人在众多刺激下产生反应选择的思维模式导图

行动主义者认为没有必要去假设一种很难解释且复杂的心理机制，这与前面提到的司机不善于描述车辆启动程序一样，缘于一种无须“把简单的问题复杂化”的理念，然而人类思维活动本身就并非

一个简单的问题，行动主义理论更多的是在解释如何高效地获得某种物理技巧和习得具体知识。

例如：一只老鼠被放到了研究者设置的迷宫里，通过对每个节点的不同刺激，使其产生反应并进行训练，最终学会了判断“哪里是左”“哪里是右”。另一个有趣的试验是把一只猫放进一个笼子，里面放置了各种各样可用于打开笼子的门和把手，这只猫通过反复的尝试之后，终于从笼子里跳了出来，显然它学会了如何解决问题。行动主义者试图通过这样一种连续的、智力上的反复尝试，来解释有目的思考的实质，这种联想式的思维模式是允许其思绪自由的，更接近一种下意识的投射，而非有意识地控制思考方向。

（2）格式塔心理学派

格式塔心理学派建立了一套学习如何解决问题的方法，可以洞见与设计思维活动产生意义的内容。格式塔心理学派认为“思考”不是一种条件反射下对刺激机制的机械反应，而是一种“过程”和“组织”行为。韦特海默认为：

所谓解决问题，就是去捕捉事物间的结构性机能联系，重组它们，直到发现一条解决问题的途径。

这听起来已经开始像是一个有计划的工作程序了，与现今的环境参数化设计中运用的图解概念非常接近，这种对事物在心智层面上的重组已经与“猫出逃试验”中的“无计划”有了连线性尝试。只有通过应用多种智力模式才能获得，这种混合式的思维理念也被今天“参数化非线性设计”积极应用，尽管格式塔提出的模式受到了多方质疑，但直到今天，它们仍然被许多创造性思考活动推崇和采用。

①文脉关系。德格罗特对猩猩做试验后所评论道：“人类对这些聪明的动物在从钉子上拿取圆环这么简单的事情上表现出的无能，感到吃惊。”因为人类马上就能想出很多种方法，原因在于对钉子、圆环及其用法，我们已经有经验可寻，所以当遇到类似情况时，无论是成人或是孩童，会采取与猩猩无目的不断尝试的方法所完全不同的思路。

一种基于人类大脑累积的经验信息所构成的智力，与当时的先验主义提出的理念相似。这些思考技巧包括：运用新的方法描述问题、借鉴优秀范例等，构成了许多被推荐的设计技巧，格式塔学派也对感知能力感兴趣，并强调思考中、前、后文脉的连续关系，这与环境设计中的一项对应关系原则非常相似，即强调特定空间范围内的个别环境因素应与整体环境保持时间和空间的连续性。

②混合流动。思考水平取决于识别各种关系、模式以及完善事物的能力。在象棋游戏中，精通下棋的人能够同时轻松地下很多盘棋，这是因为他们每次看到棋盘，能够很快识别出棋局进展，由于他们会看到更多、更远的问题，也会比下棋经验少的人花费更长的时间研究棋局。这种“训练有素的、精确的感知力”，加上“记忆中有效方法的再生系统”会产生一种快速并难以预测的反应，这种反应让普通人看来，就是一个天才的灵感。长期的生存挑战使人的记忆力成为智力的重要组成部分，所以大脑总会不断识别和累积经验。托马斯·A·马库斯列举了设计决策阶段有价值的四种基本信息来源：

设计者自身的经验，其他人的经验，已有的调查，新的调查。这些信息必然混合，造成了设计者看起来有些随意杂乱的行为，但也正因为这种混合，有时可能会在设计进展极慢的时候，帮助设计师凭直觉找到答案。

在设计中，“好答案”出现时一般不会是一条过于清晰的线。由于思考活动在高速运行时，许多信息同时呈现于脑海，多重的思维动作——回忆、期望、推理、想象同时运行、重叠。看似混乱，正如德勒兹所描述的“游牧”状态：“人骑着奔跑的马，在马背上拉起弓弩，瞄准奔跑的猎物”。“流”的动态接近创作思维活动的真实状态。

③先验图示

格式塔心理学家对人的脑海如何再现外部世界的方式格外感兴趣，发展了关于“主观影像”的观点，即“图式”思维。图式代表一种对过去经验的主动性概括，它还可以用来构成和说明未来，即推断。在一系列试验中，要求试验对象先用大脑记住一些图画，数周之后，再进行回忆并重新将画面绘制出来。试验发现我们的大脑对某些事物进行欣赏之后会根据自行的理解，自组织地选择并形成认为合适的图示画面，也就是说，人对事物的记忆程度取决于事物本身对我们的意义。

与行动主义者以动物试验来解释人类思维活动的逻辑刚好相反，格式塔学派用动物试验来揭示人类思维的缺点——喜欢依赖经验行事。人类思维有一定的惰性，猩猩会每次通过试错学习从钉子上拿取圆环，但人类则不会。思维活动惯性模式经常成为限制思维跳脱的力量，经验丰富的设计师脑海里放满了概念和相关图示，反而成为看到问题本质的障碍。在现代主义思潮中，提出“Don't look back！”的激烈宣言，企图以此摆脱以往强大的经验理念的束缚。然而我们的思考本身必然携带着回忆和体验，并由此进行推理和想象，因此在采访中，有设计师形容设计是同时实现一系列高难度的“跨栏式”的思考动作，而其“栏杆”也是自己建造的。

（4）认知心理学派

电子信息工程和计算机科学的高速发展，为分析人类的“思维”带来了新视角。信息理论提供了一种衡量标准，使得在解决问题的同时处理大量信息成为可能。认知心理学家注重人的思考机制，对思考工作系统中相互关联的步骤和程序进行研究，试图通过分析人类大脑在处理信息数量时的表现，补充行动主义者与格式塔心理学两种学派之间的理论缺失：联想的机械反应与先验图示进一步提炼了思维运作中关于认知体验和经验图示的管理策略性技巧，试图揭开披在“思考”身上的神秘外衣。

①关联体系。加纳在他关于认知心理学的著作中，采用了信息理论提供的衡量标准，记述了有关短期记忆、识别力、模式知觉、语言及观念形成的试验。该领域的其他研究者以在计算机中建立的程序模型为基础，提出了关于人类解决问题的一系列理论。这一技术在 1958 年最早被通用解难器应用[1]，该程序帮助计算机模拟出人类“目的性”和“洞察力”的一系列典型行为：

1　通用解难器（英语：General Problem Solver，简称 G.P.S.，又称一般性问题解决程式）是由赫伯特·亚历山大·西蒙、约翰·克里夫·肖和艾伦·纽厄尔三人于 1957 年编写的计算机程序，旨在作为解决通用问题的机器。

这是将问题知识（将规则表示为输入数据）与问题解决策略（通用求解器引擎）分离开来的计算机程序……虽然通用解难器能够解决一些可被充分形式化的简单问题，但无法用来解决现实世界中的问题，因为搜索很容易在组合爆炸中丢失。

这种以通过谓词逻辑描述并输入的机器系统，通过比较基本信息演变顺序与成功解决方法之间的关系，以“启发式”算法来解决问题的方式，由于受到当时的计算机及信息技术的限制，计算机做出推断和信息组合的能力十分有限，只能解决一般性的问题。这种范式演变成今天人工智能的Soar架构。认知心理学认为，人类在解决问题的过程和操作都不是机械化行为，与行动主义学派相比，更倾向于将人类看作是一种适应力强并且机智的生物——人类会非常关注问题感知过程中受到的各种关联因素的影响，是一种“敞开的体系”并通过“先验图示”的想象活动推导、感悟未发生的事情，而计算机则是通过模仿人脑分层结构中交叉线性的“神经网络”系统，形成因素或因子关联结构，运算出结果，其与人脑中白日梦“无中生有”的判断模式，是两种截然不同的思维类型。

②控制与整顿。在格式塔心理学派传统研究的理论基础上，认知心理学派推崇信息理论在“思维程序”的第一次高潮后，不能对信息理论的潜能过分乐观。人工智能在许多方面的表现被用于模拟人类思考，但人们也一直在质疑这两者之间究竟有多大的可比性。奈塞尔指出，“人类……对接踵而来的信息绝不会是中立或被动的。相反，他们会对某些信息给予更多的关注，并用复杂的方式记录和再现它们。”人类从最初对问题的认知和思考过程就与机器不同。

认知心理学在“思维”问题上做出的最重要贡献，是重新承认了人类大脑拥有某些管理控制功能，也是说大脑会自动地对类似经历、体验、先验图示等大量外部刺激信息的处理方式进行管理。认知心理学认为，大脑接受信息是一种积极的重组和改造行为，远非被动地记录和机械性地回想——大脑带有自行筛选和管理素材的习惯，因此一定存在着某些功能控制该过程。但是，不但行动主义的联想理论，连格式塔心理学派也否定这种存在管理控制功能的观点。最近在人工智能上越来越多的研究已经证明，计算机中的例行程序能够控制某种秩序，这种机制能够完成一系列复杂的、极端灵活和即时反应方式的行为。这里做一个大胆的比喻，大脑不但承担“主人”的角色，同时也是“管家”，即日常生活中的代理人，照管我们的日常事务，人类智力上的代理人照管着思考行为。“管家”通过了解“主人”的意愿打理并整顿内务，并会把一些工作转包给其他更专业的代理人去做。认知心理学派的发现让我们有机会了解是什么力量和动作方式，将人们的注意力从一个问题转移到另一个问题上。

③思维语言

认知心理学方法在处理结构清晰、目标明确的问题时最为有效，但面对设计中普遍存在的、难以定义的问题时，就有些相形见绌了。“大脑算法理论”是以“人类思考最终可以简化为一个计算过程”的假设为前提成立的，要让这样的过程运作起来，相关信息就必须在其中工作，而要处理这些信息，则要遵循某些规则，就像语言学中那些决定符号排列和关系的规则一样。

解构主义建筑大师弗兰克·盖里，以“行动绘画派”先锋艺术的创作方式，形容绘制草图是一种“被手拖动着”表达出头脑尚未意识到的东西(如图16)。观察设计师和设计专业学生，他们边思考边画草图，或边在分析大量设计草图时，会发现草图并不能够完全揭示出设计的思考过程，要找到严格满足上述理论的“思维语言”几乎是不可能的。

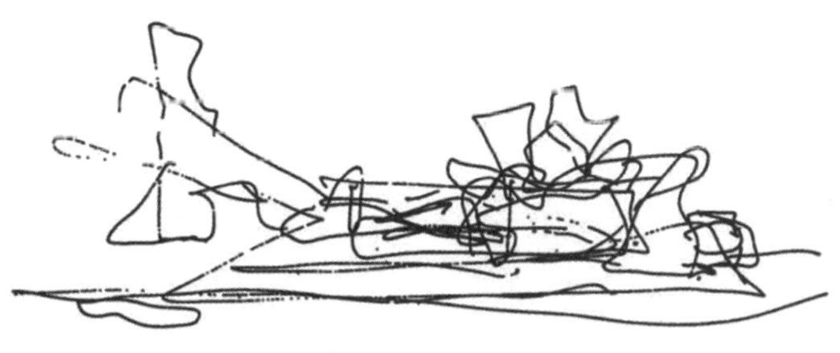

图16　毕尔巴鄂古根海姆美术馆实景与草图

小　结

我们的设计思考如同相互协助的左右手，一只稳定且迅猛，就像计算机内部的算力一样，在看到或听到某些事物之前根据海量的“先验图示”后，大致想法就已成型；另一只负责有意识地感受细节、注意内在的体悟，深思熟虑。认知理论非常关切人是如何组织和保存所感知的事物，对认知的事情进行再组织的方式和控制思考中注意力的“交替动作”，会引导我们完成有价值的思考工作并最终解决问题。人类对问题有选择性识别与感知的功能，启发了许多设计方法论研究，继而找到一些拓展设计思维的能力，以及启发创作思考过程的方法。

3. 设计思维的双面性

推理和想象

既不是纯理性也不是纯实用的，而是发展个人景观创作力量的总的想法……设计思考必须含有想象力和理性。

——吴家骅《景观形态学》

环境设计使一个基本空间转变成一个具体特定的空间，是个性情感与物质环境融合的产物。对设计者来说，理性和感性的思维活动通过连续的使用方式，能最终产生一系列差异性的空间形态（如图17）。所有的知觉及运动神经纤维在传进脑部前会先交叉，脑科学家对这样的现象至今也没有得到明确的答案。思考活动中“推理”和“想象”最为重要，“推理”具有目的性和导向性，会得出某一特定结论，它通常包括一般性解决问题的方法以及概念的形成。而“想象”则源于设计者本人的个体经验，并结合未经组织甚至是毫无条理的潜在相关素材。两种思考动作几乎同时发生，其中包括一些来自不可预测又必然发生的外部刺激触发所引起，普林斯顿大学的心理学教授乔治·米勒认为“在实验室之外，在现实世界之中，几乎没有一种思维方式能够完全独立存在。艺术的、富于创造性的思考以及白日梦，通常会被归纳于想象思维类型。”如果解除对推理和想象思维的分类约束，那么这种“逻辑性的艺术模式”“解决问题的艺术方法”的解构说法很能反映设计思考活动的真实情况，正如前面部分所论述的，这两种活动更多的时候是交叉作用且并时出现，呈现出高重合状态，当这种思想活动的频率越高、越连续，创作思考活动就越活跃。

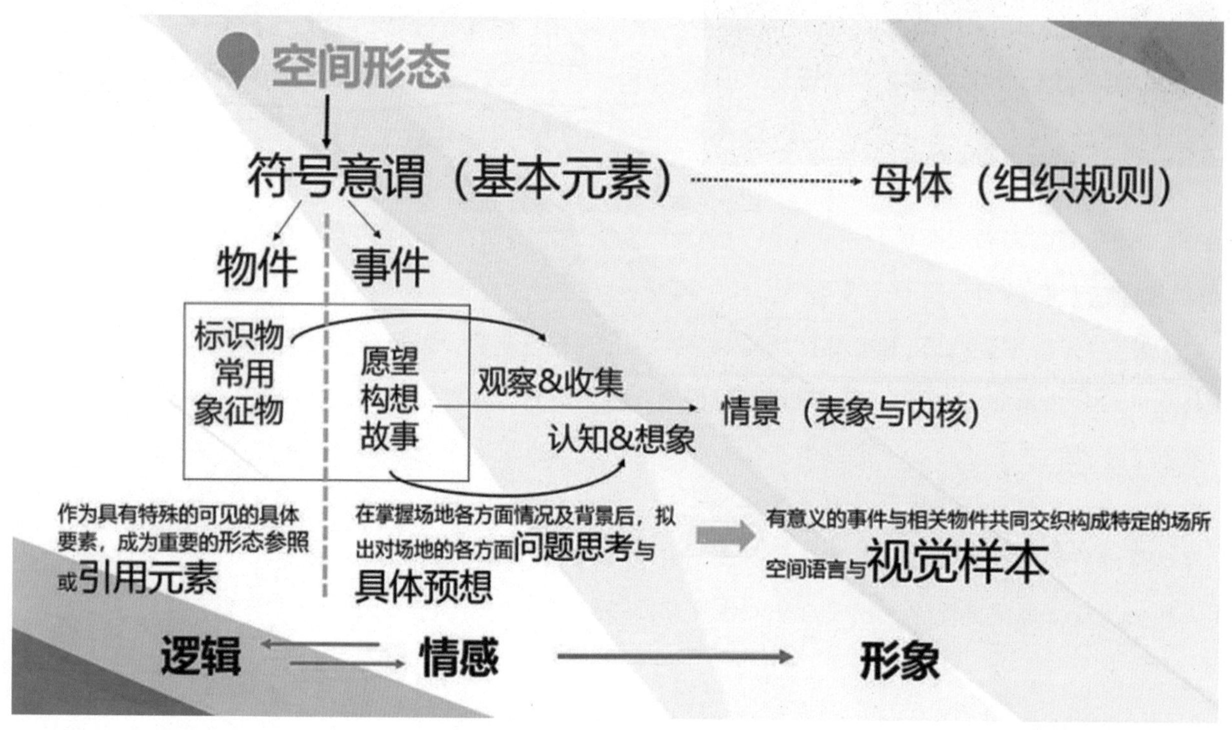

图 17　设计思维的交叉运作塑造特定的空间形态

艺术创作也可以逻辑清晰，并具有紧凑的结构体系。而即便是工程学这样逻辑严密的学科，其解决问题的方法也可以非常富有想象力，今天我们甚至还可以运用目前的计算机信息理论的逻辑，来研究艺术形式的内在结构。大多数研究者认为，这主要有两种相互关联的因素起作用：一是思考活动与外部世界的关系：二是控制思考全过程的功能与本质。

两种内外的影响因素依然是以一种高度交替重合的状态发生作用，不太可能完全只受制于其中一种，而在实际运用中，还是可以分辨出在具体的情形下，因素作用在的不同侧重点上的发挥效果。在想象思维中，个体主要通过暂时断开与真实世界的诸多限制，来满足内部精神需求；而就解决问题而言，外部世界的因素明显比内部的精神需求重要。艺术在很大程度上属于自我驱动，主要集中于内心思想的表达；设计则直接对现实世界问题提出解决办法。评价和鉴别等理性的分析过程，将设计者的工作与现实问题联系在一起，但创作过程无法把想象思维排除在外。理性思维和想象思维之间的调配结合，是设计师最重要的技巧之一（如图 16）。

方向与类型

人的思考在“方向”上会有两种不同的表现，思考者可以刻意控制自己的思考方向，也可以任由它们漫无目的地游荡。设计师会刻意地引导思考过程，以达成外部世界的某个结果，尽管他们有时也会让思考自由发展。艺术家则会彻底追随他们大脑中自然产生的思考方向，只在他们认为合适的地方稍做改变和控制。设计思考活动一般需要沿着不出错的大方向行进才具有现实意义。当思考偶尔向前迈进一步时，究竟会发生些什么？思考者如何确定这个方向是否有价值呢？

有一种思考，主要揭示精巧结构的规律，或识别观察与试验对象之间的关系；有一种思考，主要关注社会或个人的习俗；还有一种思考，着重于发现并展现规则。

——弗雷德里克·巴特利特提出的三种思考类型

在环境设计中，寻找关联要素和形式语汇的表达所采取的思维方式非常相似，设计师善于使用第一种思考——识别出问题中各个元素之间的关系，并在图解过程（草图、导图）中分析并表现，再借助某种几何关系的解释将思考综合，这与艺术家“寻找和表达”的思维模式非常相似。与此同时，设计师也同样经常采用第二种思考——思考事物之间某种内在关系，同时把时间的概念或动态活动的内容引入思考过程。

（1）闭合系统思考。逻辑学、算术、代数和几何中的单元数量是固定的，这些单元以一种复杂多变的关系和秩序组合在一起，这种封闭系统思考模式包含两个主要过程——修改和归纳，设计是有目的地控制思考方向，并且在“修改”“归纳”过程中必然生成“痕迹”，由这些“痕迹”拼合出完整“图景”，也就是说每一个小目标的思考活动和举措都会指向最终的大目标。在归纳分析的过程中，有关“定向”的探讨尤为重要。尽管修改和归纳是两个清晰的概念，但当我们面对真实世界时，它们则会变得有些模糊不清，很多时候不知道最后的大目标在哪里。

例如，一些旧城更新项目，虽然有城市功能定位相关的规划目标限定，但在实际操作中，人们对宏观约束和实际需求之间的关联并不清晰，到底是采取整治重建还是采取保育手段，这些措施和上一层级的目标是否符合，与下一层级的工程手段以至材料和空间细节的处理该如何关联，都不完全清晰，更多时候是选择一种“急救式”的建设措施——“先解决眼前的问题再说”，难以避免会出现对于环境的连锁反应和长远影响无从思考的情况。事实上，这些在城市规划项目中频繁发生的“补丁式”建设，最终会叠加为影响环境的关键因素。理论上，这类设计项目必须先进行充分分析、理解思考上层级目标的背景和目的，然后再制定改造策略，根据阶段目标采取对应的方案及实施手段，以一种分层“嵌套式”的思维方式解决问题。但由于影响城市更新的因素混杂多元，发展中的城市处于高速新陈代谢中，就连目标、要求都时刻在发生变化，这种有序的思考秩序必然会被各种力量干扰、打破甚至颠覆，导致现在许多公共基建项目建成便过时，因此设计时还会在施工期间后继地更新提案。

（2）探索性思考。其定义没有闭合系统思考那么清晰，该思维模式对各元素下的指令并无强制性。事实上，由于该模式具有冒险特质，它的成功往往建立在元素的非正常联系上。例如，在一个餐厅中安排桌椅就需要在封闭系统中思考，在一些规则的要求和设计者的惯性经验下，类似案例常常是一个寻找标准答案的考试，然而设计工作时一般不会采用考试的思维。假如对桌子的安排不合适，设计师常常会自由地改变桌子的尺寸和形状，他们会思考“除了桌子它还可以是什么？”之类的问题，他们还会将餐厅空间进行分割，如果条件允许，他们甚至还会热衷于思考如何改变建筑的形态。设计问题中的元素通常既不完全封闭，也不完全开放，设计师倾向于待在边界或角落思考并冒险式地往外寻找方案，思考的角度不同，“答案”即不可能唯一。闭合系统产生的刚性要求和经验模式，被认为是对探索思考的一种阻力，而当思维活动自由地突破元素之间的常规约束时，创意常常就会跃出，与推演的紧凑性相比，这种思维状态是松弛活跃的，在一个时段内会持续刺激多个构思的迸发，虽然有时显得混乱和繁忙，但正是在那个时候，最好的“答案”纷纷现形。

线性思维是理性的、合乎逻辑的思考过程；非线性思维则指向直觉的、充满想象的思考过程。正如《分裂分析德勒兹》一书中描述的可以从“双重面向”来看，一面是格式塔的“先验图示”，一面是“建构主义”的认知行为，二者合一形成“矛盾又紧张的张力”，这两种有价值的思考类型称为收剑型和发散型：①收敛型思考，可以由传统的 IQ（智商）测试题目来衡量，这种能力多应用在科学研究中。②发散型思考，采用一种不受限制的方法，能力可以用所谓的创造性测试方法来衡量。这种测试方法通常会有诸如“一支笔还可以怎么用？”“如果没有发生‘二战’，世界会发生怎样的变化？”“如果没有工业革命，设计会如何演变？”“一块木头的作用是什么？”“你认为最理想的生活方式是怎样的？”等开放性题目，该能力往往用于锻炼想象力，对启发创作思考有一定帮助。不同的人针对不同性质的事，对两方面思考类型的使用程度和比例各异。理论研究把智商和创造力这两个概念常过度分隔，而在实际操作中，收敛型思考活动与发散思考活动常以相互交叉的状态同时应用。

4. 图解设计思维

分析 解释 生成

米歇尔·福柯在《规训与惩罚》中形容图解“表示了各种力之间的关系，它是一部无形的机器，一边输入可述的功能，另一边输出可见的形式。”这一点上与设计过程非常相似，也是将可述的功能要求及影响设计的要素通过某种关系转化成各种图示，图解概念的设计思维在建筑设计上的运用由来已久，由分析性、解释性、生成性组成，同样也是环境设计思维经常运用到的方法。

（1）分析性图解。通常表示事物之间的某种内在关系，是一种正式和非正式的关联，例如对光、风、水、土、温度及人群流动方向等介质因素，与地方文脉、时尚潮流、经济形势、本土政策等文化地脉的背景因素之间的邻接、接近、重合、相隔、断开等一系列状态及关联程度的理解和认知，为空间设计奠定基础，是一种“寻找式”认知思维活动。比如：鸟巢设计师——赫尔佐格在日本东京的

Prada 设计项目，就是以地段周边建筑的高度进行日照分析，将各个不同角度的视觉景观的现状条件经过考量，最终决定了建筑的基本形体。

（2）解释性图解。通常表示某种几何关系的形式研究，如设计中一些抽象图形或导图、符号语汇的出现，就是对特定关联的综合解释，是一种多意谓混合的图形思维表达活动。设计师注重所在场地及周边的特征，从研究地段及环境开始，以环境及生活现象的多重关系绘制草图方案或绘制反映设计要求及各种关系的图示，通过成像推进思考，成为设计创作以做进一步的推敲与判断的依据。

（3）生成性图解。把活动和时间的内容引入分析，记录并研究某一主题的持续演进或活动，并基于文脉关系，积累、并置、叠合活动的初始踪迹，把历时性及动态性引入设计过程，从而产生设计。柯林・罗在《透明性》中初次提出通过叠合记录的设计草图和相关绘画的动态图像发展设计的方法，他的形式主义研究方法至今依然有效，其门下的新现代主义“纽约五人组”中理查德・迈耶和彼得・埃森曼都在发展这种方法。早期从事新闻报道的建筑师雷姆・库哈斯，也运用生成性的图解进行设计，通过发掘相关事件和利用社会观察的工作习惯，通过对研究的过程进行记录，发展成设计方案。在传统的设计过程中，从瞬时踪迹的积累来辅助设计创作，普遍存在着片面和不连续的问题。当前图解方法与计算机技术结合，成为图像生成的基本技术，包含了描述形态特征的参数关系、规则系统（算法）、计算机语言以及程序等主要内容，事实上这种方式已经很接近参数化数字图解思维了。

因素与序列

（1）认知因素。图解思维方法可以追溯到因素学派中的认知因素序列。因素学认为，人类智能不是单一思维因素，主要由“思考”和“记忆”构成，每个因素都有各自的个性，是一系列彼此相关因素的总和。设计思考活动正如人的性格一样多元，但具有一定的思考秩序。因素学派把“思维因素”行为细分为“认知”“结果”和“评价”。

其中“认知因素”对识别和理解不同种类事物的差异有直接关系，这种将事物进行分类并加以认识的归纳能力，在日常思维中很重要。有三种途径可以帮助大脑进行系统的分类识别——形象、结构和概念。一、形象：可以通过形象属性来感性认识某类事物，如儿童通过感知学习动物的特征。二、结构：认识某类事物内部各单体之间存在的功能关系，就像智力测验中“将有内在关系的一系列符号连在一起”的题目。三、概念：以一定规则联结起来对事物的有关属性进行识别，例如：律师和医生这类专业性较强的职业，需要通过资格考试进行认定。

因素学派认为，无论问题与事物的表面、功能、意义哪方面有关，上述认知因素都将会影响我们定义和理解问题。计算机的数字图解技术即基于连续的因果逻辑的函数关系，模仿人类的认知智能，并把历时性、关系结构、表达的动态性引入思维过程，以打破闭合系统思考的局限。埃森曼在早期的设计研究中通过人工操作把建筑作为一个事件不断展开，利用积累活动图像的叠合形式，即从某一初始概念、原始形式出发，运用某种规则，逻辑性地变化原始形式，从而产生设计雏形，形成设计方案。

“图解不再是视听案卷，而是一种图，一种与整个社会领域有共同空间的制图术。它是一部抽象机器，一方面由一些可述的功能及事物所定义，另一方面产生出不同的可见形式；它是一部无声的、看不见的机器，但是又让人能感知和言说。”德勒兹认为图解思维是“构成权力的各种势力之间关系”的思考活动[徐卫国：《参数化非线性建筑设计》，[M]清华大学出版社，2016年5月版，序：探索数字新建筑——“参数化非线性建筑设计”教学笔记]，表示力的密度或强度及流量。力之间的关系是扩散的，呈现出微观物理粒子、策略性、多点状的非线性状态，决定了思想形式的特征并构成简单的可描述功能。例如：消防车道的路线生成；建筑单体开窗及出入口的位置布局；商业体不同时段的人流分布密度与轨迹等。

它通过原初的非局部化的关系而发展，并在每一时刻通过每一点，“或者更恰当地说，处于从一点到另一点的每一种关系之中”。

——徐卫国《参数化非线性建筑设计》

参数化技术平台使得“机器”能共时运行复杂的线性运算，矛与盾、正与反的约束模型，生成图像形式范围，把信息进行“汇编”并给出多个结果可选项。通过输入影响设计的要素信息，同时对不止一种动态因素分析，输出的结果自然具有多样性。过往库哈斯和埃森曼等设计大师以人工操作的方式运作这一切相当困难，而现今计算机技术可以控制并实现这一过程的转化，生成近似人脑的“先验图示”，把设计形态的推导效率发展到一个新的高度。就目前较通用的AI图形生成器Mid Journey、Stable Diffusion、Fotor、Image Generator，通过线性扩散的方式大大地提高了可视形象的效率，虽然它们都声称能生成原图，但普遍存在“嵌套式”的雷同，无法回应设计初始要求及条件，也未做到一些空间细节上的处理，这与编入的资源和自然语言处理技术的局限性有关。

这种算法分析技术随着训练资源的“喂养”日益成熟，但它并非无中生有的，于是我们又回到了对“初始概念”“原始形式”的讨论上，设计创意应该如何转译？写入第一个“指令”的思想理念从何而来？那么谁给这个“逻辑机器”持续地加入“燃料”呢？

（2）结果因素。“思维因素”中的第二个关注点是“结果”。因素学派开始时认为，理解一个问题之后，下一步就是解决它。和“认知因素”一样，“结果因素”的产生也应该存在着秩序。因素学派代表人物J.P.吉尔福德：“调查人们计划能力的时候，我们假设在计划前期准备中，人们会具备一种发现、欣赏（或缺乏）某种秩序的能力。在最后计划形成时，我们也假设，人们会具备另一种在众多事物、想法和事件中提炼出某种秩序的能力。”然而事实上并非如假设的纯粹。

思维活动处理结构和秩序的能力只有一种而非两种，这种能力似乎更可能存在于“结果因素”而非“认知因素”之中。

——布莱恩·劳森《设计思维——建筑设计过程解析》

这有助于对应之前提到的一个现象——设计师惯于从若干解决方法中提取出一种思维秩序以应对设计问题，这种逆向的、甚至具有一元倾向思维的现象引发过许多争议。有不少学者相信，与创造性思维有关的理论能够给设计专业学生提供一些有用的概念，因此坚持区分认知和结果因素的秩序，切分综合、分析连续的思维活动。

分析和综合行为在实际的设计思考行为中是难以被拆解的，这使设计思维活动更趋向一个有机的整体。设计师通常会“把脉”设计项目，在设计前就产生带有个性色彩的评价与鉴别，以构思解决设计问题的“雏形”。他们在观察和访谈中能够对结果和差异有一个普遍性的判定，因此设计者对设计方案及目标的假设经常成为以结果为动因启动的思维结构过程，这也是设计思维程序中的第一个步骤。

解决问题的方法选择与个性密切相关，设计师的思维风格向来不一致，由于设计师个体立足点不同，其思维活动的控制方向自然不同，识别设计问题的关键部分也自然是千差万别的，思考的着力点也大相径庭。大脑在应对不同阶段的问题所采取的思考类型自然也随之不同，呈现出流动变化的状态。人们选择差异并非分毫，而是相去甚远。即使在同一时期和相似的背景，例如：凡德罗和柯布西耶——他们的思想都是大相径庭的；即使是同一个人经历了不同时期，都将形成截然不同的设计思路，如菲利普·约翰逊，从“极少”均质空间的现代主义狂热追随者到推崇“丰富”象征意味信徒的后现代主义的变身，历经不到五年时间；面对不同的项目设计师会采取截然不同的思维活动策略，如之前的“迪斯尼乐园大草坪道路设计项目”案例，设计师现代主义先驱——瓦尔特·格罗皮乌斯，基本颠覆了他以往所有的设计思路和思维程序。个体的思维差异、喜好、经历以及项目可支配的时间、资源条件与偶然的机会都能直接影响设计结果，因此分析一个具有代表性的设计个案，时常会以探寻设计师本身的思考作为关键点。

由于设计思考活动惯性和项目条件限制，构成了结果因素秩序的异样性，区别于认知因素，结果因素是从预设构想及“目标即设计结果”的理念基础之上开始启动设计的，同时也是贯穿设计生成的原动力。设计师会“量体裁衣”地针对不同的项目选择策略和方法，即如一个建造房子的人需要自制砖瓦和其他建材，以符合这一房子的特殊需求，与此同时还需要在众多的已有工具中选择合适的工具（思维工具）甚至自制工具（设定设计程序）。目前，电子计算机专业的学者已经为设计实践衍生出上百种思维路径的工具，不久的将来会发展为更庞大的“工具箱”，与生成图像一样只要输入指令便能筛选出合适的思维工具，使人从理性逻辑的劳役中得以解放，以便设计师能在项目条件和时间限制下，看清可供选择的方法和范围，并高效地进行识别、甄选和权衡。更有意义的是能让感性思维的部分得以明确，设计师可以轻松地做出决策和描述，为多元艺术的设计创作留出广阔的空间。

小结

计算机模仿人脑智能，依托大数据平台把线性思考发挥到极致，以文本和图像提示的方式以模仿设计形态创作进行推演，其“解释能力”已日趋成熟，被相关研究学者称为“非线性设计”。目前类脑神经元已拥有人脑的分析能力，人工智能强大的认知思维能力可以对变量参数（设计问题约束模型和筛选规则）和语汇因素（文本和图像提示）进行信息汇编，并输出可读的结果并辅佐设计思考，这与人脑在设计过程中通过推断和想象生成的创作行为相比，是两种不同性质的能力。设计观念与具体项目条件所采取的思考策略和路径是异样且多元的。

隈研吾先生在《负建筑》一书中提到，“场”和“物”的区别，认为设计思考是“场”而非“物”，是一个能生成“物”——实体、具体活动、工具、程序的母体。设计思维是一种观念意识流体系，即为场域，区别于具体刚性的可切分的“物”。在创造思维活动中，一面控制、整顿思考活动，另一面则产生初始概念、原始形式的“柴火”，设计师则把指令作为“燃料”置入逻辑“机器”。

第三部分　设计过程与因素限定模型

1. 从答案出发——非线性设计的起点

> “现在需要证据，然后进行宣判。”国王说。“不，” 红王后说，“先宣判，然后再说证据。”爱丽斯喊道：“胡说！” 她声音非常大，把所有人都吓了一跳，“先宣判的想法是胡说八道！”
>
> ——刘易斯 · 卡罗尔《爱丽丝梦游仙境奇遇记》

易怒的红王后建议在找到证据之前就做出宣判的行为荒唐且可笑，但也许这会让她成为一个不错的设计师，因为这是一种先获得设计方案后再对问题进行分析的设计思路。我们论证了分析与综合的思维活动之间没有明显的阶段性划分，设计思考倾向于关注答案的行动策略，在试错的过程中认知和学习，从而建立针对具体问题的规则与策略。

在设计中，发现问题本身往往会提示解决方法的某些特征，而当把设计中的问题孤立地拿出来研究，就越会觉察到我们离不开解决方法的帮助。在思维的“收”与“发”这两种类型中，设计思考会选择探索性的发散思维，在设计寻找内在关系和构思表达时，设计师在“先验图示”的启发下，乍现初始想法和概念，变成推动设计进展的第一动力，这个初始答案不是通过逻辑思维推导出来的，也不是由分析到综合的过程确定下来的，它是通过评价一项可能的解决方案所获得的。

设计是一个不断调整初始想法的过程，就像拟定文章的粗略纲要，而后继的行动是在不断调整以达到目标的可行性思考。撰写和不断修改纲要的行为是可以同时发生的，两个行为完全关联并趋向一体。设计平面草图或概括性导图，是把要点和各种关联以图形的方式“翻译”出来，针对不同客户群设计一个多用途的公共环境。其中最高效的方法之一就是提供一份设计草图。业主在面对一份看得见的设计草图时，能更为清晰且容易地表达他们的意见、建议和批评。设计手稿能快速概括、简单呈现原始想法的结构，同时还能留存一些模糊的、缺失的、未完全清晰的信息，这个短时构思的雏形往往可以表达几个简明的问题，在此基础上进行讨论做进一步的提炼会更具效率，即对两个或更多想法的协调和融合，也可能是对初始答案的进一步细化、发展、融合或是抛弃。

针对观察和分析一系列草图得到结论，发现影响草图中运用某些线性的依据更多是一些已有的高度模式化的造型原则和表现技术，与设计问题的分析无关。将已有的造型原则或草图模式直接引入做决定的过程中，是传统设计对图解设计思维的解释性和生成图解的运用，符号依赖也是设计行为中的一种思维惯性，这将会影响整个设计过程，甚至在最后解决方案里也仍然能看到它们的影子。

种子　燃料　肥料

总有一些东西会先点燃思考，譬如在设计过程中有想法或早或迟地突然弹出，这时候，设计才真正开始。用德勒兹的说法就是，从一个点出发，通过原始出现而发展，时刻处于从一点到另一点的关系，反之亦可以成为对于“完形关系”的一个可被否定或解域的“逃逸点”。通俗的解释就是：你最初的决定和构想，可以成为理解设计的重要切入点，并以此为基础先做一个发展最终的方案，又或者批判这个想法，进而看能否发现新的设计问题，继续摸索新的、有价值的思考方向。简·雅各布斯在城市设计问题中提道：

> 我认为最重要的思维角度有以下几点：对过程的考虑；从归纳推导的角度来考虑问题，从点到面，从具体到总体，而不是相反；寻找一些“非平均”的线索，此线索会包括一些非常小的变数，正是这些小变数会展现大的和更加“平均”的变数活动。

我们把这种初始的答案雏形称为“种子”，“种子”具有可拓展的模糊边界和各种变化的潜在可能性。项目相关人员包括业主、使用者及项目本身的外部条件和情况是设计的“燃料”或“肥料”，决定了“种子”成长、变化或幻灭。行为心理学与设计实践经验都表明，设计的早期阶段具有综合分析的特征。当设计师试图判断、识别哪些问题对决定设计结果至关重要时，应运用一种比较粗略的、抓大放小、不纠结细节的思维。而一旦某个想法被明确下来，无论它有多么粗略，都应该经受接踵而来的更多细节要求和问题的考验。

“种子”会经历生长和彻底改变这两个阶段。在生长阶段，设计师凭借着直觉和初始的体悟，一点点调整原始想法，寻找缺陷，尝试着让它满足各种来自内外条件的约束，直到最后完全解决所有问题。这期间，有两种情况会中途结束逐渐生长的状态：一种是“种子”无法适应众多要求和无法很好地回应问题。另一种是过多的调整和修改，以致“种子”原型变异或消失，但无论处于哪种情况下，设计师都可以选择推翻初始想法从头再来。实践中设计师经常会把业主在《设计任务书》中一些明确的要求作为设计建议去思考，把对“种子”的反思作为推导相关问题的基础，使用归纳分析中的类比和概括以推断演绎各种解决设计问题的方法，相当于“养料”，以提供孵化当初想法、养活“种子”的基础，最终生长成设计方案。这种从“果”找“因”的方法能够控制设计问题的边界，易于识别相关问题，能迅速概括出几个针对问题的总体想法，或在综合分析中重新认知项目结构或析出原始想法。

成长

第一届世博会征集项目的经典案例中，就有在建设条件、时间和预算等诸多苛刻限定下迅速得出计划方案的实例。由英国王室主持的设计公开招标，需建设能容纳约 600 万人次的场馆，展品从邮票到蒸汽机、火车头等，总物件多达 1.4 万件。当时的专家认为“巨大的构筑和公园景观极不协调，且建筑物不能是固定的，需要在会后易于清除”，民众的舆论是“反对皇家‘面子工程’所带来的巨大花销”，《泰晤士报》当时也加入了这个抗议行列。英国政府迫于压力，给出一个低预算范围的刚性要求，且要保证这个巨型的建筑必须在一年之内完工。所有这些前提条件，使得该项目的设计变得异常棘手。

这里我们进一步剖析这些设计要求的外沿背景，英国政府打着“发展平民艺术”的口号，提出鼓励普通市民接触艺术和科技信息的目标，其背后是作为工业帝国急需向世界展示其工业成果、拓展国际倾销的企图。另外当时水、陆路交通运输的条件已经成熟，外出旅行、游历已经成为士绅阶层和新兴中产阶级生活的潮流，巨大的建筑不是为皇家或是宗教服务，而是作为一个商业殿堂，让伦敦直接得益于此次会展活动。土地规划、技术和经济的限制，微妙模糊的社会需求以及特定场所的要求全部混合在一起，构成了一个限制度很高、自由度很低的设计条件。征集活动收到了来自世界各地的 200 多个方案，但是没有一个方案被最终认可。这些方案当中包括一些英国和欧洲特别有名的建筑师的设计——查尔斯·柏利，奥古斯都·普金等都参加了此次招标，他们不是因为预算超标了，就是因为工期太长，有些是没办法方便拆卸，更多的原因还是建造时间太紧迫。

这时与英国皇室颇有渊源的园艺师约瑟夫·帕克斯展示了如何在设计的初始阶段，提炼一个相对简单的想法，并快速发展它。他写信推荐了自己的想法：用简易的玻璃和可拆卸的钢架，搭建类似于温室花圃的构筑物。约瑟夫把注意力放在了解决工期短、造价低的基本目标上，选择了技术成熟且自己熟悉的办法。项目设计围绕着建设的时段与建造的效能可以同时有效保证，使得需要解决问题的范围得以缩小，设计师因此能够迅速设计一个计划方案并对此进行发展。他仅用了八天的时间把该方案的构思绘制出来，委员会接受了他 7.8 万英镑的报价，虽然对这个设计方案当时仍有许多争议，但没有人能够提出更好的。因此，该方案最终被敲定。约瑟夫计划从主体的梁架、钢柱到螺丝钉，所有的表皮用料都在工厂进行预制，以充分发挥工业大生产的优势，并且出于对运输、拼装、人工作业效率等问题的考量，他选择就近的、能够按时生产供应的厂家，尽可能地采用小模数用料以便更换补充。最后会馆在 2000 多人的协力下，只用了四个月的时间就完成了主体建筑（如图 18），剩下的两至三个月就是进行场馆的布展。展会最终收入约 18 万英镑，除了奖励设计师的 5 千英镑外，政府在这次展会中获得了利润。

图 18 伦敦第一届世博会“水晶宫”

在对一些设计师访谈中，他们并不认可“从果找因”的方法，设计师在讲述和回忆时也许会让自己确信设计过程是从因到果的复合性逻辑。他们对影响生成的各方面因素的解释，更多的是一种对创造思维产生以后的自圆其说。例如朗香教堂这个经典且奇特的建筑，我们听到最多的解读是“上帝之耳”，柯布西耶写道：“我把这个小教堂当作一个听觉器官，所以它像人的耳朵那样复杂、弯扭，在这个像听觉器官的小教堂里，信徒们的祈祷似乎能更容易、更直接地传达到上帝那边。”教堂大屋顶的形态是他平时收集的一些所谓“诗意之物”——从螃蟹的蟹盖形态中受到了启发；屋顶的内部结构，是仿造飞机的机翼构造原理建造的；建筑当中三个高起半卷的耳室采光形式独特，柯布西耶解释这是在罗马旅游的时候，在从岩石中挖出的祭奠堂里面，发现光线是由管道引进到地下的，于是他模仿了这种做法；墙体是模仿了地中海民居中干打垒墙面。与伦敦水晶宫不一样，这个充满新颖与神秘气息的作品，并非在时间紧迫和要求众多的条件下产生，相反，柯布西耶一开始拒绝了这个项目，因为他不是基督教徒，而且在此前的一次修道院设计当中，他的设计方案未被采纳，然而这次教堂的委托方承诺给予他最大的创作自由和操作权。

故事到这里，有几点需要注意：首先，柯布西耶已经有过这类宗教空间设计的经验；其次，这是一个自由度很高的项目设计；最后，他并不受宗教教义的规限。早年的现代派绘画和立体主义雕塑创作的经验，都是他在探索和表达人类精神活动的途径。神父的要求也非常简单：一个教堂的大厅和几个祈祷室；一个节日可以容纳 1000 人使用的户外会场；一个可存放雕像的地方；山上缺水，所以最好可以收集雨水。踏勘以后，柯布西耶很快便根据山顶场地现状和功能区的要求绘制草案，设计的雏形很快出现，并迅速“生长”为成熟的方案，期间的调整和更改主要来自设计师自身对设计的推敲和“喂养”。

教堂外形抽象而复杂，但内部空间格局则简明单纯，这位在瑞士学习钟表雕刻出身，严谨而激进的现代主义设计先驱，无法太清晰地描述在设计之初是如何产生这种想法的。这种内外分裂但高度混合的做法，完全颠覆了他过去所接触的建筑理论——他重新应用了传统的受力墙结构，把表皮与构造合并，建筑呈现出粗朴的原始感并充斥着象征意味。教堂建成以后，一片哗然，这是人们难以用语言明确描述，但是又能触及似曾相识的感觉和符号。设计评论家说它是一次现代艺术的大体量呈现，评价他的建筑是模仿人眼、耳、鼻、舌这四种器官的“有机建筑”（如图 19）。如果结合时代背景看，经历现代战争冲击和经济大萧条的洗礼，使柯布西耶重新反思其曾经推崇的工业化力量和功能主义理念，朗香教堂尖顶被轰炸毁（如图 20），正是这一时期的真实写照。这种由于多重因素混合，内外思考、技术与观念叠加促发设计师从理性、纯净的理念转向混沌和神秘形式的探索。

设计师最先关注的某些问题，会大致勾勒出设计的范围并很快引出一系列解决方案。初始构思的“种子”包含了设计问题的关键或者核心，反映了设计思考活动不仅仅有简单的项目功能和场地现状等外部影响因素，这种识别关键问题的来源可以远至来自个体思考的意识深处、观念与经验，近至当下的潮流风尚、视觉形式、工程技术，这种高度混合的状态使得设计者无法清晰完整描述出其中的缘由。在综合的关联因素中，外部条件是限定呈现具体问题的“燃料”，推动设计活动的发生；而设计师内在的原则理念因素则成为项目问题的“养料”，促进或改变设计思考发展的方向。

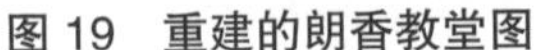

图 19　重建的朗香教堂图

图 20　“二战”时期朗香教堂尖顶被炸毁

彻底改变

在经典案例故事中，在看起来几乎不可能成功的情况下，设计师也能最终将设计构思和主题顽强地坚持下来，优秀的设计师具有这种执着的品质，然而在大多数情况下，现实并不像故事讲述一样顺利，由于初始答案的不周全或过于极端引起的不恰当反而制造了更多问题，当初始构思引起内部组织或技术上的困难，而设计人员并不愿意轻易放弃，这种行为实际是一种情感倾向，毕竟“种子”已经在土壤里扎根了。

我们很难在信息资料中发现太多“彻底改变”的设计故事，因为这些是被认为不具有价值的失败经验。人们普遍承认一个错误的理论可以帮助科学取得突破，但很少认为错误的设计也会有同样的贡献。一旦我们参与到设计中，“种子”彻底改变的机会就时刻存在。记得有一次，我们拿到了当时颇感兴趣的昆明市中心商住综合体的景观设计项目，集合了设计公司的三个小组优秀的资源来执行，最后，这个方案在经历了七次结构性修改后才得以完成。所谓结构性修改，不是调整而是重新设计完全不同的方案。当时由于业主方（地产公司）机构庞大，在设计起始的沟通阶段，没有派驻了解项目情况和诉求的工作人员进行沟通，设计起始像“无头苍蝇”一样，设计师们充满激情地发散了若干个“种子”，还迅速制作了三个设计原型，但在多次汇报交流中却不能获得明确的答复和有效反馈，更多的是业主机构工作人员对“设计时间紧迫需要马上完成”的要求，直到第六次方案汇报时，项目投资方的关键人物终于出现，对经由下属多次沟通和设计方踌躇满志的设计结果做了反转式的否定，虽然很沮丧，但到了这个阶段，设计师对很多关系和问题在这个过程中已经掌握，在与项目利益紧密相关的工作人员沟通后所获得关键信息和有效思考的线索更为明朗，最后我们在第七次方案汇报中，通过了方案。相信不少的设计师都会不同程度地经历这样的周折，并在“折腾”中寻找设计问题并控制或改变思考的方向，生成有价值的“种子”。在这些几经波折的经历中，会发现引发起构思彻底变化的因素，更多的是超出设计理念和设计师可调度范围的外部条件。

设计师也会借助新的认识逐渐抛弃原始想法，对问题形成一个更新、更好的理解，可是要实现这种“抛弃”还是非常困难的。设计专业的学生经常有两种情况：一是由于经验不足和对约束条件认知不够，导致原始想法异想天开，远超出了其解决能力的范围，“种子”很快变成一个被否决的样本；二是由于没有过多的积累以及不受自身知识框架的限制，反而洞察问题的角度新颖，做到思维的彻底跳脱，产出有创意的点子。原先的思路被打断不能再继续，于是需要寻找一些新的设计问题和思考角度。事实上，设计中方案被否定，需要再重新思考时，经常被形容为“刚刚开始又要从头再来”。设计过程只能开始一次，“从头开始”意味着寻找新想法。原来的“种子”可能留下躯壳与痕迹，亦可能被连根拔起，剩下的是不断加深对更新一轮问题的理解并彻底跳出原有的思路，对现有的问题再次寻找解决方案，制造新的“种子”，而旧的“种子”成为了设计思考的“养分”。相对于解决问题的灵活性，这时创造力更为重要，我们已经越来越接近非线性设计思考了，一些设计师要钻进死胡同里碰壁时才转身，而另一些似乎会同时平行思考几个想法。

2. 设计过程以及问题与方法

设计过程

①有起而无止。从案例中我们可知，设计思考涉及的条件和问题庞杂混合、包罗万象，无法对其全面地给出定义，因此解决方法也不胜枚举。从思维的活动而言，设计过程同样也不可能有一个明晰可辨的终点。设计思考活动永远在积累和迭代中，不会真正结束。设计问题完全不同于智力测验中的难题，当找到答案时解题工作便结束了。如前所述的城市更新设计项目，负责庞大、复杂而耗时很长的工程，是需要提供长期不断的技术支持服务，设计是一项连续不断的过程，不可能一蹴而就。在设计的每个阶段里，很多时候尽管某一解决办法并非完美，但它也许是当前众多办法中的最佳选择。时间、金钱和信息资源是做设计时的主要控制因素，其中的任何一个出现匮乏，都会导致设计师提前结束设计进程。

②主观判断。对于必须面对的问题，设计师的回答常常是主观的。什么问题是最重要的？哪些解决方法是最好的？类似的提问常常充满了价值权衡与选择判断。因此，在一些环境规划的设计目标确定上，到底是以“人”为本还是以“环境资源”为本，抑或是以盘活区域活力的“商”为本呢？如果这些相互关联的目的发生冲突时，该怎样进行取舍？这相当程度上取决于设计师的个人观点。设计师会把方案当作自己的孩子，百般呵护并严格把控，无法对设计工作保持彻底的冷静或公正。当前的观念是希望有更多的人能够参与到设计过程中，另外也倾向于要求设计师在描述、决策和判断、表达分析时要更加清晰明确，这又导致了另一个现象：设计方案经常需要对设计过程加以注释，为解释而表达。

③发现和解决问题。如前所述，设计思考中“因”与“果”的高速往返，呈现出倒置、并行的状态，导致设计问题与解决方案同时出现了非线性状态，而并非“先有问题，再有解答”的线性逻辑，在这样一个并置的秩序下，设计师必须付出最大的精力去发现和确认设计问题。问题与解决方案会随工作流程不断演进而逐渐明朗，许多问题会在设计过程中浮出水面，无论是发现设计问题还是拿出解决方案，从一开始出现的“种子”构思到设计思维活动的终极迭代，设计的主要行为方式是非线性的，因此整个设计过程主要需要创造性思考。

④行动与实践。设计师需要在有限的时间里解决眼下及后继的众多问题，而且还要经常性地在信息不充分的情况下，果断地做出决策。设计思考必须付诸实际行动，无论对或错，在实践进程中建构

并学习、调整设计的方向，都是实现设计价值的方式。设计师需要对新鲜事情持有敏感度，即对以前从未听到过的问题迅速产生兴趣。由于环境设计项目无法进行迭代与测试，因此设计过程需要积极试错。

⑤规定性行为。某一想法一旦成型，或一个设计一经实施完成，世界在某些方面就发生了改变，科学家帮助我们理解现在、解释已有问题并预测未来，设计师则直接规定并创造未来。两者最根本的差别在于，科学的本质是描述性的，而设计的本质是规定性的。设计师的工作目标不是解决“是什么、怎么样和为什么”的问题，而是解决 “会怎样、能怎样和应该怎样”的问题。现代建筑科学技术仅仅是一种评价工具，提供测算某个设计方案是否合理的方法和标准，它们在综合性方案的思考过程中起不到关键作用。现代建筑科学技术可以启发，但不代表能触发最终的创造性思考。

解决方案

①多样且无限。设计问题不是在设计一开始就能了解清楚的，而且其范围也很难完全清晰界定，既然无法确定影响设计因素的范围和边界，那么解决问题的方法也就不可能被详尽且准确地罗列出来。

②有合格而没有最优。设计一般不会牺牲其他目标而满足单个目标的最优化。多数的环境设计是在妥协中进行，最后达到各种关联的平衡。通常在几个主要目标确定下来后，目标之间会发生矛盾，例如：希望汽车跑得快，又不想耗油量太大，可通过减轻车的自重的方法，可又会降低汽车的安全性能。这三个因素相互约束，需要一个折中且平衡的点，这取决于设计师的权衡与取舍技巧。解决方案绝不可能是完美的，例如：菜市场改造类项目，从社区文化、市场竞争力与环境形象，到满足管理者、从业者和消费者不同的诉求和需要。对于一个普遍存在的问题，指向诉求截然不同，每一个解决方案都要以不同的方式让不同角色和团体感到一定程度的满意。评判环境设计质量最客观的方法，就是实施设计后，耐心地等待并观察其在实际运作中的表现。然而处于不同的时间阶段，评价标准、诉求都在变化之中，因此只存在一系列合格的解决方案。

③综合办法与问题生成。设计方案是对一系列问题全面的综合性回答。第一届世博会“水晶宫”的设计案例中，约瑟夫用花圃建筑的建造特点对当前紧迫的时间限定，以及来自各方严苛的要求进行了综合性回答。朗香教堂的设计，是设计师对宗教精神空间营造和文脉、现代技术、战争等一系列微妙复杂关系的反思和表达。因此，很难剖析一个解决方案并清晰指出所对应哪个设计环节。设计解决方案是具有时段限制性的，通过推断预期效果，并给出解决当前以至未来一个时段内问题的综合办法，修改解决方案会同时产生一些副作用——每项设计不仅在解决问题，同时也会产生新的问题。在一些市中心的历史价值街区改造项目中，普遍出现这样的现象：通过重新整治和修葺，恢复了老旧街区了商业活力、人文特色，产生了该城市应有的土地价值，街区景观、基础设施及卫生与安全都等方面都得到全面的提升。问题好像解决了，但在高成本的城市土地建设投入与商业目标的驱动下，铺租、物价随之抬升，居民原来的便利生活突然转变，不仅如此，特色小本业态被迫纷纷撤出，产生悖于之前倡议的更新目标。人气不足、生活气息淡化、铺位空置上升、罪案率提高等问题相继产生，这些难题和痛点需要人们持续地想出办法来应对。

设计问题

①动态且多元。如前所述，我们很难在一个有限的时段内解决所有的问题，也无法预测问题在什么时候会完全暴露。我们无法完全弄清楚项目中所有问题的潜在限定特性，因为无论是设计问题的目标，还是问题之间的优先性权衡，都充满着多样性和不确定性。在菜市场案例中，我们可以看到设计相关者和团体由于参与设计决策过程的程度和认知深浅不一，导致发现的设计问题和诉求截然不同。我们会在设计之初关注业主的想法；在方案设计阶段分析研究使用者的需要；在施工图设计阶段与工程实施人员深入沟通，以了解技术要求；在设计跟进阶段还要根据现场具体需要做调改。在整个尝试寻找解决方法的行动中，隐含在设计问题里的枝节才会纷纷浮现。在现实中，针对设计问题中不同目标的侧重和优先顺序，可能会随着解决方法的一步步明确而不断发生变化甚至是反转，因此我们不能指望给设计问题下一个综合全面的、固定的且系统化的定义，相反我们应该看到，解决方案与设计问题总是处于一种有机的动态混合的并置之中。

②主观性描述。从某种程度上讲，人们对问题的理解，以及对信息的识别与选择，都常常受限于各自的经历、个人偏好、兴趣和专业领域内的习惯做法，运营管理人员关注时间规划及工作流程；记者会敏感洞察时下的公共现象，并挖掘更多的问题；工业设计师倾向寻找适宜使用的功能形态；平面设计师会注意包装与销售之间的关系；室内设计师注意空间布局、装饰风格以及一切场地与技术问题的关联。相较于选择怎样的解决方法，判断“什么是设计问题”往往更加主观，像侦探能在人群里发现嫌疑人一样，无法完全客观地阐述识别设计问题的原因。

③层级关联体系的构成。在设计社区公园项目时，针对街道上游荡的未成年较多的现象，公众会质疑居住区规划的问题，甚至引申到对教育体系或家长职业模式的的讨论。无论思考怎样的问题，可以确定的是，我们不应忽略微观和低级的问题，因为这些问题都处于一个层级的关联结构中。倘若遇到不同层级的问题影响，需在混合以后才能呈现，在一系列的冲突反应和表现中，问题因素的本质和秩序特质才会显现出来。因为问题的关联边界是无限的，因此无法判定设计问题在哪个层级上开启或者停止更为恰当，但这一判断必然会受到设计时限、设计师自身的能力与可调用资源的约束。正如迪斯尼乐园大草坪道路设计项目中，就有调度设计实施与设计测试的流程，然而一般情况是做不到的。

目标　问题　因素

如前所述，设计问题没有显而易见的边界和范围，通过在设计初始阶段生成“种子”，在综合的预设目标里寻找设计问题。要达到目标意味着必须克服一些问题，只有试错、挖掘、识别本质，过程才可能被推进。发现问题与解决方案总是纠缠在一起，理解问题与寻找方法几乎处于一个“收”与“放”同步进行的状态，设计问题推动设计过程的产生和结束（如图 21）。设计的活动必须花费相当的努力才能明白设计问题的本质，而构成问题本质的背后是底层的微小要素在起作用，这些关联要素影响设计问题的出现和变化。

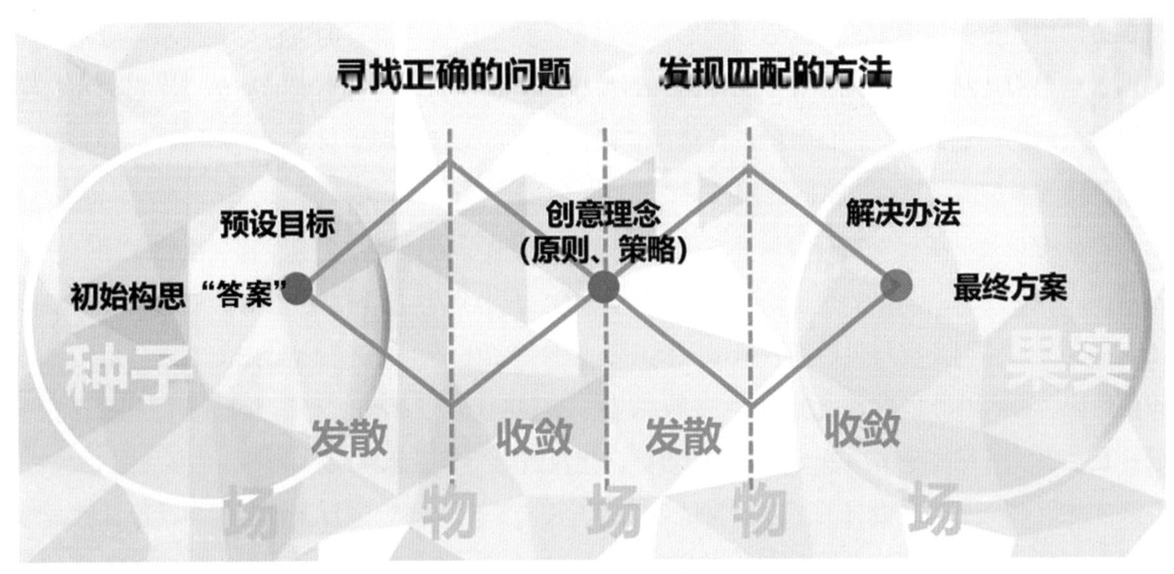

图 21　从预设目标出发的思维发散与收敛过程的双向流程导图

前面提到的昆明市中心商住综合体景观项目，就是因为从项目开始，一直无法了解业主方的真实想法和需求，少了一个重要的设计条件；过程期间，设计方在设计成本上已经远超过了预期，在方案第四次的结构性修改的过程中与业主方的矛盾导致合作几乎面临终止；最后，时间几乎耗尽，项目到了工程实施的阶段，这时各方的力量和资源才集中到设计工作当中，在设计师的坚韧精神下完成设计，可见很多超出设计技术因素的外部条件在宏观上约束着解决方案的开始、结束和方向。

在讨论设计问题时我们发现，设计师一般倾向扩大设计问题的边界，跨越层级地思考并探索多个解决方案，事实上，在设计条件明确的情况下，这个范围已经缩窄许多，特别是在一些大规模的公共设计项目中、在多因素的综合作用下限定条件很多，设计师的自由度很低，或者会出现一些集中的、唯一的“设计答案”，这些从城市规划目标的嵌套式结构所推导的趋同答案一直有“隔靴抓痒”之感，对解决问题似乎没起到多少作用，但流程已经到了设计实施的阶段，需在已有的解决方案中选择最稳妥的方式实现，工程实施更趋向于已有的成熟建设模式，因此公共空间建设趋同的情况是一种常态，而这种常态也构成了现代城市建设的背景，正如柯布西耶在过去预测“一样的城市不一样的建筑”那样，许多相同问题在环境付诸使用的过程浮现并相继产生。而即使是这样，设计工作在交付完成以后，又很快投入另一项目设计当中，不会特意地思考和总结设计问题的本质，也不会关心促成这个问题的核心因素，关键要素、变素的发生。

设计专业人员趋向于找到“解决方案”而并非“理解问题”，但如果不从与设计问题背后普遍关联的因素找突破口，那么设计是无法真正完成的，这导致设计的劳力更多地花在完成表达和实施工匠技能上。设计过程始于发现问题，结束于提出解决的方案，这种趋同的设计工作模式和思维惯性把原有的问题“重建”出来，并继续派生类似的问题，实质上是规避了设计思考创造活动的重要职能。

设计问题的边界收敛与本源

设计师通常会从“种子”的构思中反思设计目标，通过拆解，分析出影响目标的因素，当若干目标发生冲突时，设计师的内在判断和所权衡的理念原则就会发生作用。赫伯特·西蒙最早设计的思维五阶段方法中，把人的因素放在探索问题的核心位置，把“以人为本”的目标放到发现和分析问题的核心因素中，很适用于工业产品设计并匹配其销售整体流程。而之前讨论的旧城更新项目中也提道：到底是对眼前的问题进行“治标”的设计措施，还是面向更长远的根本目标“根治”？一般来说，面对不同性质和类型的项目会有不同的回答。

景观生态设计的项目会选择“以环境为本”的优先因素，设计过程是寻找深层次“病因”——通过不断深入理解问题，对微观环境因子进行谨慎仔细地分析，并从“预防”的角度出发，思考环境保育、管治、修复的策略与工程建设的结合措施。然而这种对待“生命”的终极考量态度和方法出于各种现实条件所限，实际用得并不多。因为在大多数现况只有环境让人很不满时才需要设计，因此“急救式”的设计是常态，可见这些由项目性质决定的目标，起源因素还是人。

现实中，相当一部分设计的主要内容是对某些方面有缺陷的事物进行调整和编辑，设计师会常做一些修葺工作，对不同设计领域中不尽如人意的环境情况做出某种修正：对商店内部重新装修、种植防护林、进行建筑外立面改造、重新调整划分住宅活动区域等。然而由于环境设计的特点，很多时候设计师容易把视觉因素作为构成主要设计问题的关键，使得思考和注意力放在调整事物表面缺陷上。当视觉形式达到认可后，认为问题已经解决。事实上，这是走进了关注、解释和表现的误区中，粉饰了缺陷背后隐藏的需要解决的深层和实质问题。

> 如果将问题模式看作手中目录或杂志中的一幅图像（就像前一个解决方案所显示的那样），那么很多设计师就会陷于表面的形式模仿，而忽略发掘并顺应合理内在结构的要求，难以创造出新的具有原创性的形式。
>
> ——克里斯托弗•亚历山大

在解决城市环境中汽车降噪和减排的难题上，问题的症结是汽车自身使用内燃机的技术不成熟，若再往深处探究，这也与交通出行习惯密切相关，而常用的隔声屏障措施并没有很好地回应这些根源问题，若按照这样两个线索可以从汽车技术缺陷与出行交通工具的选择上找到更有效和持久的解决方法。

设计问题的重要组成部分与产生问题的本源密切相关。所谓本源是指源头，事物的根源或起源，上述案例中的本源就是人在交通出行和汽车本身产生的原因，虽然说贯穿设计的因素源头是人，但如果采用戴口罩和耳塞，并非一个可行的解决办法，“以人为本”的目标是设计思考的基础，设计思考从过程到结果都会在对人的舒适度向量上调整和靠近。设计师需要认知设计项目的性质和属性。识别对应主体目标之间的优先秩序，就要判断有多少缺陷可被纳入设计问题的范围，以划定问题的边界，这种工作本身就构成了设计创造思考过程的重要部分，也是设计师需要具备的重要能力。

因素的多重关联与综合

设计问题是多维度的，设计的目的很少是单一的，设计问题表现出许多变数，但并非混乱不堪的，相反它们是互为关联而组成的一个整体，因此我们在陈述解决问题的方法时经常会用到“综合”一词。设计因素不仅具多重特性，其还具有高度的相互作用。设计师很难纯粹地把椅子的支撑性、视觉形式和叠放储存功能等多重问题逐个拆分考虑，因为所有这些问题必须通过同一个方案同时解决。设计者还牵绊于一系列必要的——如建造费用、耐久性、制造工艺限制、材料的实用性、成品运输等外部条件的考虑。在设计中，必须找到一个综合解决方案以满足所有要求。现今计算机的技术已经能实现在20世纪70年代就提出来的“累积策略”。这种方法在传统设计作业中，会增加在分析和综合寻找解决方案上的时间和人工劳力，但同时亦能相对减少在低劣方案上所浪费的时间。该策略是把与设计主体目标相关的问题因素拆解以后，确定各个需要达到表现良好的小目标，收集、归纳、罗列出分别满足各个成功标准的所有解决方案，淘汰其中不能满足定义目标优先秩序的方案。通过这一系列策略，设计师就能够知道所有好窗户的标准：一些利于采光；另一些利于景观；另一些则可以避免日晒，能够较快地识别出其中与最终结果相关的因素。

引用生态学中对“机能”的描述——因素不是孤立的存在，是以动态渗透、演化并扩散的非均质状态。过程中，一个变化的因素会影响另外的因素做出相应改变，例如设计中需要扩大一扇窗户，带来更好的采光和更开阔的视野，但在私密性上可能会产生问题，同时也会造成更多热损失的风险。所有这些因素在碰撞中混合着牵制、角力形成一个不同程度问题的综合呈现，这些动态变化不是出于偶然和混乱的，是具有走向的，但绝非简单的逐一对应。

我们能看到这种对功能细化拆分并寻找对应方法的清晰逻辑，在建筑师路易斯·康的费舍住宅中的空间布局和窗户的处理中早有体现。康以高超的细部处理著称，他把大窗作为视野通透的功能和小窗作为通风的作用分开，可以在暴雨时依然可以打开小窗。住宅中一些刻意的内凹窗，有效防止了雨水的渗入和背光的产生，缓解了自然曝光对居所的影响和噪音的干扰，并与建筑墙体结合，形成室内的书架、柜台的功能复合体（如图22），通过加厚建筑墙体这一综合功能的方法回应内、外环境的一系列问题：建筑表皮与窃洞的虚实比例，结构稳定、采光均衡的景观和保护私密性的几个主体的目标因素（如图23）。这样完整、适当和明晰的设计策略，是设计师在全面充分认知一个线性逻辑框架的基础上，给出的一个综合处理的方式。要同时解决多个问题就要做到这一点，仅凭理论分析后再筛选叠加是远远不够的。房子的业主诺曼费舍尔和妻子是有教育学和设计工作背景的知识分子，打算在几年后退休入住这所郊区的房子，这些外部的条件都促成康始终受把握主体目标的影响。在此期间他还完成了经典的布瑞安·毛厄女子学院宿舍，并把这些方体空间以45度的小边角重合、连接的空间模式运用到费舍。这种互不干扰的流动空间，打破了公共通道的单一感，保持了人们能在空间中自在地流动，这个灵感来自他早期学习的布杂艺术中，古典空间主次清晰和严格的秩序感。康前后用了七年时间完成了这个小型住宅设计工作，这个时期康处于设计的活跃期——萨尔克尔克生物研究所、韦恩堡美术学院、印度管理学院和孟加拉国会大厦等都在这个时间段进行的。这些工作经历、习惯、倾向等内部因素时刻引导设计者的活动，深刻影响了设计结果。

今天我们把这样的积累因子纳入设计方法工具箱里，训练成数据流，然而目前对于设计而言，在信息技术和大数据收集平台的冲击下，单机暂时只能承担“秘书”功能，即对一些具有明晰标准、具体的基本因素以辅助设计，与设计师的“军师”能力具有本质区别。显然设计师的工具已经改变了，随着工作方式的改变，思维会随之发生微妙的变化。就目前而言，计算机的归纳概括范围与设计师的综合来源并不相同，正如上述案例，对于具象外化的单个方式产生的影响因素非常灵敏。

图 22　不同功能的大、小开窗

图 23　与筑墙体结合的内凹窗成为书架、柜台的功能复合体

设计师需要综合的因素是分层的，从外部的目标条件到内部的理念原则，从实在明确的技术标准到流动隐性的个体意识。而所有这些因素又在设计过程的时序因素条件下加以“变幻”，即以一种互相关联作用产生新的影响和变化，推动设计走向一个有机的整体，这个整体包含设计的分析性、描述性以及生成性图解思维方法的所有活动。

我们知道设计初始阶段很难清晰全面地指出问题中的哪一部分是由采取方法中的哪一部分解决，它们不是简单的一一对应的线性关系。随着设计过程的深入展开及后期实施和付诸使用后的每一个片段和环节、信息反馈，都能折射出对目标核心问题的回应。每个设计问题的解决方法都有一个内在因子结构，设计就是处在这种从一点到另一点的结构关系之中产生。设计不是逆天专横的标新立异，而是在设计师的控制下，根据问题的内在结构顺势而行。

3. 设计限定因素体系

设计限定因素框架

通过分析，我们将归纳构成影响设计的向量因素节点，但不是收编所有的差异程度到既有系统的框架,其中涉及同一层面的领域影响因子可以在对应的程度轴向添加内容,并不限于所提到的因素节点。

（1）设计限定因素的内外领域

设计因素分布于影响问题的内外领域,具有微观点状的特征,以远近、虚实的不均匀扩散状态分布,影响着设计行为的开始和结束。对设计问题产生决定性影响的外在综合因素被称为“条件”，业主要求、时间、物资、技术资源等任何一项条件发生变化都可能导致设计变更或终结。条件在客观或主观设置，问题与目标的关系之间产生约束并限定设计过程的转变和最终方案出现。

外部因素，是清晰可辨且容易理解的，形成了设计目标的基础。对设计师而言，设计大纲的主要内容往往由各种类型、品质等的外部因素构成。以城市小游园设计项目为例，外部因素是由包括政府、市政规划部门、专家或第三方公益团体和相关的技术标准制定者提出的，设计出类似塑造城市公共缓冲与文化展示的场地、与现有交通道路衔接的节点、设置相应的改善环境生态品质的基础设施，提供无障碍和雨水消纳的基础设施等要求和标准。而使用者则希望场地可以提供休息和便利，例如有小商铺、售卖机、公厕、车位、手机充电及户外 WiFi、道路标牌等公共配套设置，设计师则会倾向把这些诉求、场地和设施在满足公共服务功能、符合技术指标的基础上组织并呈现在用地上。上述的限定因素有各方诉求和技术指标，以城市小游园设计项目联系在一起，并建立用地内每个实体物质元素，如有道路、绿化、场地及一系列配套设施的关系。场地之间的物质关系具有多样性；可以是公共开放环境与类感官上的联系，也可以是安全与卫生的关系；可以是人流的循环与服务设施配置关系；亦可以是构筑物和各种公共与私人的使用关系。这些约束因素具有明确、具体的显性特征，属于外部因素。而在施工图设计中更能体现这种工程配置的装配条件限定。设计的初始工作就是调控这一系列的明确要求和外部空间之间的关系，以形成基本的结构与模式。

内部因素，是一系列隐性的虚体因素。即设计场地与其所在的大区域文脉关系，包括地方风俗习惯、历史事件、流行风尚到日照、风向、气候等环境因素。这些广泛关联的文脉因素对于公共空间的塑造具有深远、持久的潜在影响，是设计获得突破的关键部分。它刺激设计师挖掘创意的线索，启发灵感和创意，这些创作理念、思路又继而成为生成差异性设计的深层核心因素，内部约束甚至会决定整个设计的形式。如上述的城市小游园设计项目，作为公共服务性质的用地，相对于组织基本的场地效能，塑造关于的共同回忆、社群关怀、文化传播的目标因素才能最终提升用地的综合质量，若想生成这些外部因素，设计师需要对一种长期发展而来并具有连续性场所精神的特质因素进行认知与研究，包括具有场地自然特质的、拥有文化和经济氛围的综合因素，诸如公共交往行为、通勤人流与商贩经营活动的交织过程。在一些失败的城市小游园个案中，我们可以看到城市空间断裂的畸零失落现象，一个有质量的空间不是从大环境中拆卸出来的独立配置，其与环境具黏合的机能，而且这种黏结在往后的使用中会持续加强。

面对不同性质的项目，会有所侧重地受到内外因素的影响，前述的“水晶宫”案例是以外部的条件因素为主，而朗香教堂设计则是以内部影响因素为主。外部约束相对比而言较简单且易于理解，关注被设计物的本体，有经验的设计师对这些基本因素了然于心，会把注意力放在文脉关联的研究上。

> “现实被剖成两半，一面是已经实际化的、我们每天都在经历的经验；另一面则是尚未实际化的潜在可能、虚拟的。”
>
> ——杨凯麟《分裂分析德勒兹》

德勒兹认为可以从双重面向来看，“一面是经验论、一面是建构主义（特异点、逃逸线、内在性平面等）。”在他的理论中，不再关注同质、预设，而更多是差异、偶然、意外、断裂等的“时间与空间的创生”。很多时候，面对一个新的项目所涉及的内外因素时，设计师都要像学生那样学习、体验、分析并重新建构，特别是在方案创作阶段，需要洞察该地区所属的氛围，分析把握一些综合问题背后的关联。

自20世纪20年代开始，功能主义倾向于弱化特性，强调关注外部约束，企图寻找通用的设计解决方法。直到60年代末，人们又开始对内部约束产生兴趣。两位现代主义先驱，凡德罗和柯布西耶，在二战前都在同一个事务所工作，他们设计理念相同，主张纯粹主义的简约设计，后来凡德罗到了美国，在没有经历战争的情况下，发展现代主义，并把“少”推向了极致，其“均质空间”理论是现代主义建筑的重要理论，他用黑色的钢铁和玻璃幕墙塑造美国的天际线，把现代设计推向了一个时代高峰。与之相反，留在欧洲、经历了二战洗礼和早期经济大萧条的“逆世”，柯布西耶则走向了丰富、多样性的变异，正如朗香教堂的案例以及他在欧亚地区的其他项目，他转向关注传统异质性特质，利用混凝土和其他廉价材料的特点，塑造具有适应性和象征意味的建筑形式，通用性和地方特性的争议话题一直在持续。

> 在这里输赢是由极其简单而无聊的逻辑来决定的。新技术取代旧技术，简单而敏锐的东西战胜复杂而脆弱的东西，这就是战争理论，支配20世纪的是战争逻辑。
>
> ——隈研吾《负建筑》

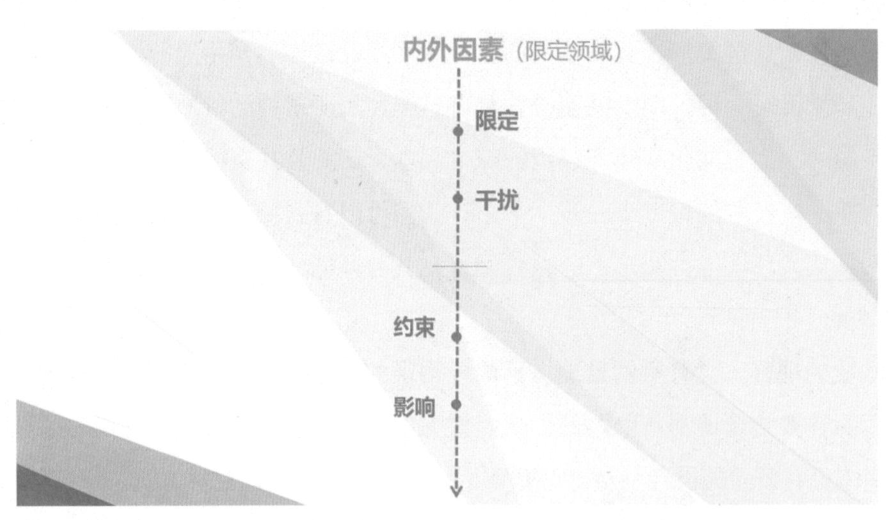

图24　内外因素轴（包括限定、约束、干扰、影响四个强弱程度序列）

小　结

现在我们建立了一条从下往上走的纵向轴，上方是外化的显性标准，具有限定条件，下方是潜在的抽象文脉、理念因素。这些内外因素按对设计的影响程度排列为：限定－约束－干扰－影响这四个强弱序列（如图24）。限定领域的根本意义在于理解不同类型的设计可发挥的自由度大小和可以突破的范畴。相对于外部条件约束，内部约束的自由度会比较大，设计师可控的范围较大，例如：对于住宅景观公共程度相对较低的项目类型会倾向在内部领域找突破，从个性形式、文脉象征的内部因素寻找能达到业主或用户期望突破的，追求“100分”；相反，对于公共用地项目，则倾向从功用和耐久性能的外部因素入手解决问题，公共程度越高，其需要以达到均好的“60分”的状态越高。

（2）目标与问题来源因素

人是所有问题的起源，设计行为是具有规定性的，是对未来的一种推断，人们按照这种判断建设物质环境。因此，这种行为必然受到公共的监控，如可以在城市小游园设计项目的案例中了解到政府、立法者、专家或第三方公益团体代表的相关行业规范要求。概括起来这些来源可以按照公共到个体分为：业主、监督者、设计师、使用者及其团队。

业主是提出项目建设的投资方和委托方，是产生各种设计目标与约束条件的直接来源。业主不一定是设计成果的使用受众，业主可以是个人亦可以是由一群人组成的委员会或集团，较大规模的景观规划建设计划可能会持续若干年，业主人员构成从开始到结束很可能会截然不同，因此这个本源问题因素也在变化当之中。不同的业主对设计师的干扰和约束程度是完全不同的。业主与设计师的关系，其本身就组成了设计过程最重要的因素，在前述的案例中我们可知，与不同的业主方或直接或间接交流、谈判的方式会直接影响设计师认识和理解项目以及设计结果。双方既相互依赖，又存在支配、控制设计结果的倾向，项目设计即由这两个个体意向碰撞、融合、妥协最终生成的。

监督者即政府规划部门、技术标准制定者、专家、第三方公益组织的公共机构。他们经常给建设方的设计师和施工部门带来许多刚性的规限和要求，建筑师除了要满足消防部门、建筑监理员和城镇规划师的要求外，还要根据不同项目的具体性质，满足卫生健康检查员、上级公司检查员、水利局和制造商检查员等众多部门的要求，类似名单还可以不断增列下去。还是以城市小游园设计项目为例，监督方会对不同专业类型细分并设立红线。规划部门会进一步制定符合当下需求的详细建设及申报指引，以量化城市微绿地公园的绿地率；要求遵循 LID 雨水管理原则；需要符合公众的满意度指标；对历史文化街区和工业遗产、古树等资源免受破坏等。而第三方公益组织，一般是指来自民间的非营利组织，可能会针对其关注的问题：让生态保护、社区服务、文体化可持续等某一方面参与到项目中并产生影响。

设计师及其团队以项目建设“军师”的角色介入，会按照业主方制定的大纲要求和设计任务书开始工作并在协作当中完成项目，向上对接项目的各项指标要求，把握总体规划的基调与方向，向下则渗透到可行性空间形态的组织，对景观场地活动进行调研并提出相对微观、具体的建议。但公共机构和社会监督组织的监控方则有时可能与业主和设计实施方发生冲突，一般来说，政府规划部门的首要目标是要保护公众免受地产投资商或场地商家可能产生的商业功利行为的干扰。设计师和工程实施部门同样需要受到监督，制定相关标准的部门会尽力避免施工期间趋利因素造成的建设质量问题。

使用者可以是某个个体，也可以是某个群体或某个社会组织，他们是设计问题的关键因素，设计师与用户之间的沟通不一定是直接的，一些大型的公共设计项目会通过公共机构介于其间，但有时这些机构反而会建立“人为屏障”。因此，设计方会亲自进行有目的性的数据收集、采访和活动行为观察，对使用群体的需求进行专门研究，通过这些工作完成换位思考、角色转化，加深对问题因素的深层理解，以预设设计目标。

四个角色因素的关联特性

无论是使用者还是业主，都会期望设计师能够贡献出一些新的理念。例如：住宅使用者不仅期望建筑师设计的空间尺度舒适、功能关系合理，更期望建筑师能通过一些如对空间形式和质感、光线等创造，获得美感和独特的内涵。但很多时候无论是对应需求还是美感，设计师和使用者、设计委托者所期望的效果都存在巨大差异。因此，面对不同的项目和纷繁的指令，都在期待和要求设计师必须根据具体的时空、文脉条件重新学习，以跳出个体的原有认知框架。综合这些诉求因素，定义设计目标，同时还必须熟读监督方的上位文件，理解相关规范的精神，以防设计“踩雷”的情况发生。

业主方面，虽然不能直接操作设计，但在某种程度上也知道自己的需求，因此担心设计师会有另外的想法属实正常。使用者则关心环境在日常使用中的切实利益，如果这两个角色是混合的，产生的诉求也会重合。业主、使用者与设计师的关系是双向的，人们对设计师有所指期的同时，设计师也希望在预设目标和问解决题时能拥有更多的自由，设计师可以将以往工作中已经明晰的某些设计原则和理念，在新项目中继续探索，在新任务获取酬劳的同时，以延续个人的设计方式和理想并建立口碑。这些不同的角色，很多时候会处在融合与角力之间，当矛盾和冲突呈现时也是“正确的问题因素”出现的时机。

在凡德罗为数不多的住宅设计案例中，被誉为“看得见风景的房子”的范斯沃斯住宅，上演了这些来源因素的剧烈矛盾。住宅别墅位于伊利诺伊州郊区福克斯河的边上，周围分布密集的河泽、树林和牧野环境。住宅并不大，只有单层，套内面积 200 多平方米，在接到委托后将近五年才开始动工。这时候的凡德罗担任伊利诺伊州理工学院的院长，芝加哥湖边住宅、理工学院的克朗楼设计都在这一时期进行，20 世纪 40 年代欧洲的现代设计已经走向没落时，美国才开始流行现代主义建筑。

在外部条件的约束下，凡德罗考虑过三个选址（如图 25），有两处选址是比较靠近北面的公路，交通比较方便，位于高而平坦的场地，视野开阔。但离河流比较远，也没有太饱满的自然植被，考虑到度假别墅的功能需求，最终他把房子安放在南坡以下平坦的河边树林中，住宅用地的西面是密集的树林，东面是空旷的牧野。在建筑建造时，保留周边了几棵当地的树——黑唐枫，成为住宅入口庭院的主要景观。由公路到达住宅需要从北面绕行到南庭院的入口，并不方便，这样在河边又增设了船坞和埠头，但也不成为主要的交通流线。20 世纪 90 年代住宅被开放参观，并增设了配套的停车场和道路，这时人们终于可以从南面直接进入别墅。与此同时，围绕着该文物建筑的郊区住宅日趋成熟，公共场地例如运动场、网球场、泳池也陆续出现。2000 年后，住宅已经成为芝加哥经典旅游区，参观的人越来越多，便增设了道路和更大的服务区。范斯沃斯住宅的存在影响了整个区域的格局，改变了周边的环境机能（如图 26）。当我们以时间演变为条件评价和鉴别场所的背景时，它经常会超出了一栋度假别墅本来的评判范畴。

凡德罗当时非常渴望能得到做小住宅项目的机会，这样他就可以完成大型项目中无法实现的空间与结构理想，也是对于现代建筑技术运用到私人住宅的一次探索。他的“少就是多”的理论也叫作“均质网格秩序空间”，也就是最大限度地对实体进行削减——从实体的空间到构造细部都呈现出均匀的几何秩序，寻求清晰的建造和自由流动的空间。范斯沃斯住宅当然沿袭了这些苛刻的原则，但它还是属于一个“半均质化的盒子”，是凡德罗对于“极少”的一次妥协。而出于对私人住宅场所基本的外部规范因素的考量，建筑空间不可能完全达到平均开放的状态。可以说，范斯沃斯住宅是凡德罗在追求终极均质过程中的一次探索和自我博弈。

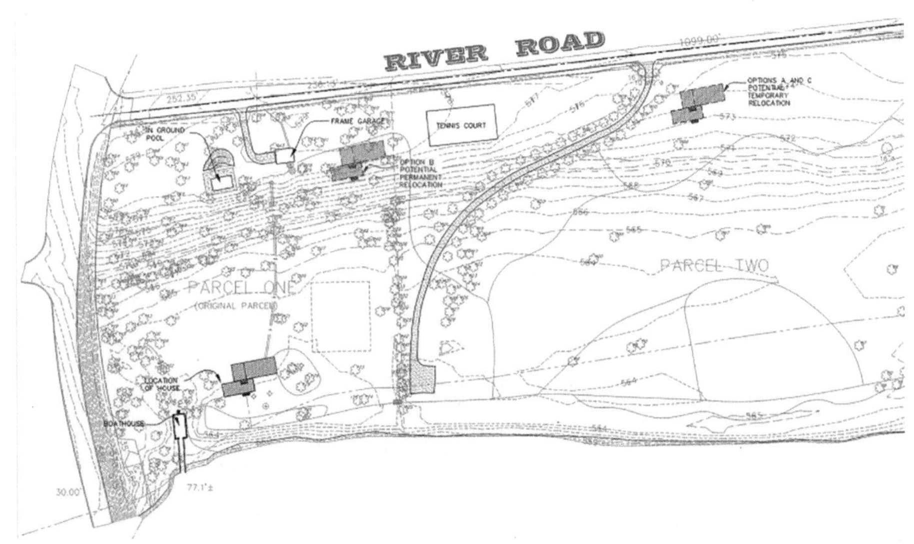

图 25　三个范斯沃斯别墅选址

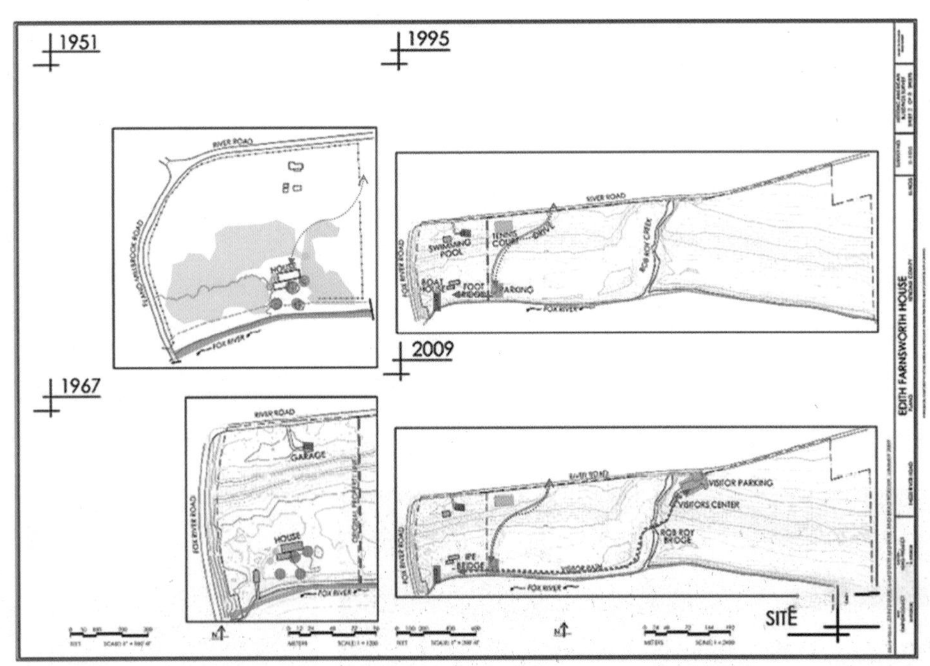

图 26　不同时期范斯沃斯别墅坐落的区域格局变化示意图

与在大城市的塔楼——封闭和冷漠不同，范思沃斯住宅在网格秩序的克制中，寻求能够适应居住活动需要的变化。在网格秩序的结构里，主体建筑被架空抬高，同时往水平方向左右错开，得到了一个“灰空间”，往福克斯河水方向再延出了一个下沉的起居平台，已经不是原来的完整包裹的六面体“盒子”，墙面与框架对于环境，呈现的是一种动态的漂浮姿态。

如果空间和形式上需要某种延续，那么必须首先从建构上给出令人满意的解答，否则只有放弃，即便这种需求是功能上的，也不例外。

——凡德罗，关于这个外伸的露台的解说

这就意味着，凡德罗的现代主义理念，从最初的功能主义、实用主义已经发生了微妙的变化，在他后来的作品中，更是使用昂贵的青铜钢材和玻璃幕墙，苛求构造细节的极致，始终执着追求“极少”的形式，与现代主义设计原本倡议的经济实用的初衷已经有所违和，作品更多的是转向对现代主义的表现。

凡德罗的建筑设计中，经常可以看到八根柱子，他的建筑围合限定的边界是清晰、精确的，他又在此基础上以玻璃材料对边界进行削减。他把必要的私密空间集中在处所的中心，形成外围回形的起居流线，人游走在任何一角都会顺着通透的幕墙去观望外部的景色，而无论是餐厅、厨房还是卧室均完全敞开，与外部景观保持融合。他解释道：“从住所中可以欣赏自然的景色，比直接自身于自然更有意义。”宅内生活与外部景观高度的联系，意味着居住者对外部环境的持有与独享。如果说“水晶宫”是运用工业时代的材料建造了当时流行的新古典主义时尚品，那么凡德罗即是以现代主义的审美和观念，把建筑继续发展为商业繁荣背景下的艺术装置，私宅可以是一种完全灵活地从场地中切割出来，并“组装”到别的场地的物化产品。

而面对这样一个当时备受推崇的优秀建筑，业主艾迪斯·范斯沃斯医生却最不满意，她认为这样的一座房子剥夺了她的私隐。卧室基本是敞开的，她希望凡德罗可以改一改，凡德罗解释道，他精心把卧室安排在东面的树丛里进行了遮掩。事实上，这栋房子确实存在着许多实际问题：通体的玻璃墙很美，但是晚上就会招惹蚊虫（如图 27）；通风取暖设备的费用已经远超预算；由于在河边，钢柱是需要频繁的打磨和上漆（如图 28）；最大的问题是洪涝，由于城市化的扩张，河水泛滥变得非常频繁，已经超过了原来架空层 1.6 米的高度。最严重的一次洪泛水位高达两米，房子需要进行持续不断的维修，维护费用非常高。业主把设计师告上了法庭，这场官司持续了几年，期间此事被媒体发酵，双方都在众说纷纭中获得不同的评价，最后以业主转卖该房产给物业结束此事，而该建筑获得了最终声誉。

图 27　美观的别墅幕墙夜间招惹蚊虫

图 28　河边钢结构需要频繁维护

在几次转售后，房子变成了建筑文化遗产和旅游胜地，似乎这样的用地性质更符合这一栋经典住宅的公共性，高额的维修资金也有了着落。但它的存在也暴露了现代设计的“减法”与居住者精神舒适感之间的矛盾。设计师把自己对空间设计的理想放到了居住场所里，并设定了规则和秩序，设计师个体的专业性探索与业主个人生活的需求发生严重冲突，两个角色的内部因素之间的角力和不妥协，成就了建筑的经典和导致了住宅的失败。

在案例剖析中我们可以看到，设计大师们都具有一些执念，像艺术家一样受个体综合的内部因素左右，在创作过程中可以不断地自由调整，转换注意力，探索新问题和新领域。因此，一个艺术家的理念与他的作品之间，是趋向非线性状态的，很少会形成清楚的对应关系。而设计师的创作调整可以像艺术家一样基于自身的一些启发和认知变化，需要梳理多项约束条件，并确定出轻重缓急顺序。用户和客户提出的目标往往会有自相矛盾的情况，设计师可以将此反馈给客户，并与其一起重新制定设计约束，艺术行为注重探究并表达个体想法、信念和价值取向，而设计行为则是需要关注来自不同团体、部门和其他个体的意志和期望，解决眼前的现实问题，以到达预设目标的折中方法。在环境设计过程中这两方行为会有重叠，也很容易被混淆。

小　结

设计限定因素的两根轴线已经明确：一方面是限定领域；另一方面是限定来源，在内外因素的纵轴上再穿插一条角色因素的横向轴。从公共群体意志、标准要求到个体期待、思想理念从左端到右端分别排列：监督者－使用者－业主－设计师四个来源因素，交织出第一个约束面层（如图 29）。我们会发现，越是往右边的来源越来自于靠近本体的倾向，产生的约束越为开放灵活具有弹性，但同时也越难取得统一，可变性较大，呈发散状态；而处于左端的是较为稳定的刚性规条，来自社会监督方施加限制强度最高，在实际中必须取得妥协和达成共识，呈收敛趋势。

每个来源因素施加约束的强弱程度均能找到对应的叠级关系，如格式塔学派建构中从基本的安全、卫生标准要求到精神需求的实现，每一个层级都会产生问题并由对应的角色提出。四个角色的特征是：监督方的要求相对固定不变；使用者的行为现象和需求由设计师分析、认知和揣摩；业主在设计展开的过程中有可能会重新调整要求因素的优先排序，而设计师则需要为已产生的干扰和规限，综合出一套完全不同的方法加以应对。

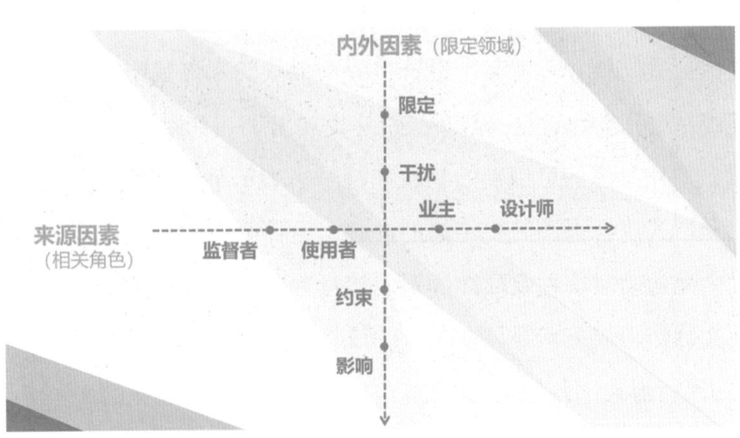

图 29　来源因素轴（监督者、使用者、业主、设计师四个相关角色）

（3）虚与实的用途因素

设计因素的限定，是为了保证被设计的环境系统或物体，能够尽可能实现各种不同的用途和目的。不同性质的设计项目会受到不同方面的用途因素限制，分别包括实际技术、基本功能、形式秩序和文脉象征限定这四种。某些情况下用途之间可能会重叠，不同类型因素对设计过程均产生不同的影响。

实际技术因素是指设计涉及的生产、制造或建造的现有技术条件和物理构成部分。对设计方而言，实际技术限定大至场地的承受力，小至建造材料等因素，其中不仅体现在植被生态系统、水循环系统、道路系统、环境物料系统等施工过程中，还体现在设计作品使用过程中的技术性能表现。对景观设计师来说，它意味着环境的适应性．能经受得住各种气候变化、使用频率的考验。丹麦建筑师约翰·伍重设计的悉尼歌剧院，克服了大量的结构和覆盖层方面的技术问题，终于将这一基于相当复杂的几何形态学的设计想法付诸实践，这个过程需要设计师具有过硬的技术知识和创造力。

基本功能因素是回归基地环境的最为基础的功能，满足一些初始的、清晰且明确的使用要求和具体活动所需要的因素，由于它的重要性，客户或设计大纲都需要清晰而准确地描述它。基本功能是设计开始的全部原因，人们通常认为它从设计一开始时就会发挥很大作用，然而基本功能在业主和使用受众之间却有可能发生冲突。一个家具卖场的设计，使用受众喜欢陈列和安排尽可能开放一些，这样可以自由便捷地观摩和挑选商品，而作为业主既想展销商品同时又必须防止商品破损和行窃情况的发生，这样就需要空间封闭一些。这两种功能目标是相互冲突的。设计师必须在有效展示与保护商品之间，找到一个平衡点，把握人类行为并结合卖场管理提出一些切实可行的空间组织方法和建议。

形式秩序因素主要指物体的视觉组织，它包括比例、形式、色彩和肌理等方面的布置。音乐如果没有规律，将会变成噪声，但是如果过分依赖规律，则会乏味；平面设计运用这样的手段把可视元素按一定秩序巧妙处理，以形式语汇解释并诉说，赋予普通的信息以个性，使其引人注目；艺术和设计都要遵循一定的视觉法则，空间和实体如果完全缺乏组织，与周边环境关系就会断裂，也会让人费解。柯布西耶说："我们需要秩序！规则线条能够避免任意性的出现，它便于更好地让人理解。"由此可见，人们对秩序和结构有一种本能的需求，但同时对多样性和新颖性也要求甚高。好的环境设计所蕴含的秩序是适度，但不应过度，能够满足文脉关系及各种情况的需求，正如环境设计师需要走出视觉形式语汇的过分解释的误区。形式可以极端简单——就像凡德罗的"均质空间"；亦可以是复杂精美——如巴洛克式异常繁复的形式。柯林·罗利用设计过程中的空间和形式组织的几何学规则，结合生成性图解方式进行设计实践并对其进行研究，不断探索并发展出了一套完整的设计方法和思想体系。

文脉象征性因素，即用具体的可识别的物象和符号来表示某种特定的内容和抽象的意义。在环境设计中则要运用空间和形式组合强调需要传播的内容。象征要素在城市地标、商业景观和传统的构筑物中随处可见。现代主义运动对这种象征性的引用持批判态度，他们把功能与象征的对立推向极致，以去除象征性和历史文脉作为戒条，并且在大量的设计作品中都急于宣讲实用主义的理念，形成推崇物质机械、整齐划一的流行形式。从这一角度看，这可以被视为历史潮流的又一个循环，就像形式主义、表现主义或古典主义与浪漫主义，它们就在形式与象征之间不断转换关注焦点。而同期，有别于这样的主流的另外一支设计流派的代表人物：多米尼库斯·伯姆和安东尼·高迪，其关注焦点是传递富于艺术表现力的可读符号，以创造出独特而非统一的效果。现代主义在欧洲盛行了二十多年后，在被诟病忽视环境的外部约束和象征功能的声音中走下了时代的舞台。

用途因素的关联

面临新的技术、各种规则，以及业主、使用受众不断变化的需求，设计师需要寻找一些独特的形式满足基本功能和象征表达的诉求，这些用途因素有时会重叠并在实践中纠缠在一起，有时是共同作用，有时是互相抵消、冲突和对立，在用途因素的碰撞中，会自组织地生成设计问题，在此过程中核心和关键的问题会陆续浮现。

在分析性图解方法中，我们提到了设计需要寻找的内在关系可以是“一种正式和非正式的关联”，设计师需要经历一种更为广泛的意象因素的启发，其与形式秩序因素的组织分布息息相关。设计的想法大多存在于生活经历当中，是由疑问所引发的一种表达，想法实际上不一定要隐含伟大的思想或是指向某个被深刻象征之物。20 世纪 60 年代，后现代主义兴起，设计师们自觉地运用多种历史风格，将当代生活与过去联系在一起，并表达出各个年代的“混搭”，以通俗、调侃、戏谑的方式传播、表现，提升了设计的大众可读性，可以说当我们开始有意无意地模仿或使用某个熟悉符号或风格形式时，象征性的因素已经在起作用。

但象征因素的使用需要谨慎，室内设计师的埃娃·伊日奇娜回应媒体推测她一直只穿着黑色的长款风衣所象征的心理性格的评述时，她解释道：“单纯是出于在日常工作中，去往办公室、工地和参加各种不同会议时，不用频繁地更换服装。”她认为过多象征性的评价，实际上是一种错误的或过分的解读，巴洛克风格盛行的时代更是滥用了这种象征。设计时，我们应该回到基本功能的根源要素去思考问题。

> 年轻时，听先生说，建筑是凝固的音乐，产生了许多联想……恳请大家，别再宣扬建筑是凝固的音乐等等，我们是鲁班爷的子孙，就是个盖房子的。而建筑就是建筑本身，遮风避雨的场所。
>
> ——吴家骅

一些设计师把对传统园林的表象元素、窗门符号直接置入、挪用到设计中，认为已经延续了对地域文脉的环境塑造，文脉的象征性问题解决了，其实这只是一些附庸风雅的浅层模仿，对形式因素的过度引用会阻碍设计师在内在关系的实质性思考探索。贝聿铭的苏州博物馆设计，并没有使用瓦片和砖作为传统庭院的主要材料，而是直接运用了模数切割的花岗岩、预制玻璃和钢结构现代材料，应用模数标准化的技术手段，并以水体要素处理传统院落空间的开与合、隔与连的节奏，提炼引用拙政园中“金角”“银边”的做法，关注边角空间驻留地的功能，塑造了视觉空间远大于实际面积的“画意”体验，并以水面、白墙的简单传统禅意元素塑造丰富的光影变化，使空间变化多端，把“无中生有”“道法自然”的理念渗透在每一个设计细部，即塑造了能适应当下使用需求的博物馆空间，也解读、传递了传统文脉高质量可持续的文脉因素。

在行动主义学说中，我们知道人类大脑皮层普遍会触发联想的反应机制，这使得设计活动始终包含形式与象征两个层面，人身处于时序历程的意识流中，在设计创作的过程中，虚拟的象征因素一直在起作用。即便是极力反对象征性古典装饰风格的现代主义，依然具有浓厚的象征意味。凡德罗在范斯沃斯别墅中应用的“巡回空间”和“八根柱子”被认为是对古典主义的回归，因为它与希腊神庙的柱廊式环状平面非常相似。从平面、立面的几何比例划分，到建筑顶板的檐口和柱子的细部处理，都蕴含了这种古典理性的精神。这离不开他早期对辛克尔的回旋式平面的学习经历与深入研究。

> 我们必须设定新的价值，固定我们的终极目标，以便我们可以建立标准。因为正确的以及有意义的，对于任何时代来说—包括这个新的时代—是这样的：给精神一个存在的机会。
>
> ——凡德罗《构筑》

1968 年，当凡德罗完成了他最后一个作品——柏林新国家美术馆时，他的女儿问他还有什么建筑想设计，他说：“有，教堂。”然而大师的愿望最终还是没有实现，人们无法想象教堂这种象征性建筑采用模数标准化方法是什么样子，这也为我们留下了无限的遐想。

设计限定因素向量框架

现在，我们在内外领域的纵轴和远近角色因素的横向轴编织的层面上再加用途轴线，完成了一个关于设计限定要素的立体向量框架（如图 30）。根据不同类型和性质的设计项目特性可从影响的范围、远近来源、虚实功能找到因素的分布、走向、强弱程度，角色参与项目的深浅、正负面的影响及产生作用会影响的大致领域。社会监督方须对工程实施和技术用途进行监控；业主和使用受众除了对大多数基本功能因素负责外，还可能对一部分文脉象征性因素产生影响；设计师除了是形式秩序和实际技术因素的主要探索和实施者外，也把控了部分的象征性因素。设计师的任务就是通过各种设计手段，对众多因素进行调理与整合，设计问题与解决方法会在务实具体的实践中得以发展并陆续被呈现，以最终完成预设目标。

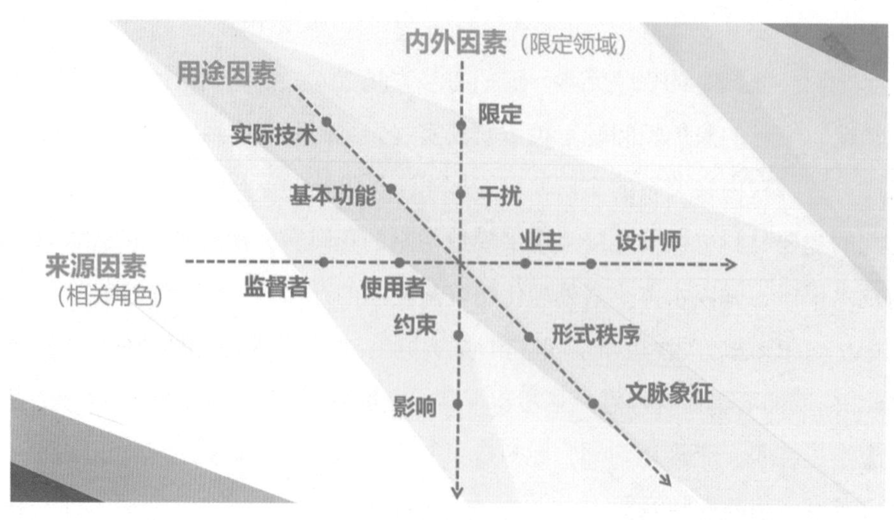

图 30　用途因素轴（实际技术、基本功能、形式秩序、文脉象征）

> 可以从任意一个点进入，在同一时间内的多点迸发，不像语言描述那样一个接着一个，更像图形一样，多个意思同时出现。在同一时间里处理相当多的因素，但这些因素是互相关联，可以组织成为一个有机的整体。
>
> ——雅各布斯《美国大城市的死与生》

框架的建立使我们知道许多设计的过程和现象是由于各因素不同的重要性所造成的：有时内部约束因素会起主要作用，而另一些会受外部约束影响，有时会关注实在的可视形式，而有时则把重心放在虚空的象征上。不同类型和性质的项目需要达到的目的是完全不同的，如果限定来源主要集中在两个以内的角色因素，且具有较单纯清晰的用途目标，那么我们会像本文开头介绍的设计思维模型一样，主张以"人"为中心，注意力会放在形式、个性化、差异性的内在影响因素上，例如私家花园、住宅空间、景观小品、设施、家具及标牌设计等。但如果主要来源因素在三个及以上，具有公共使用性质的目标时，则需要关注各种活动的功能、场地特征、技术性能的外在限定因素，例如城市更新、市政景观、公园景观设计等。如果空间是具有特定专门的用途，则要熟悉对应使用的流程系统，受实际技术、功效的刚性因素限定，例如办公地点、医疗空间、康养景观、老年景观、学校景观；如果项目具有明确的功利倾向，如传播某固定信息或商业目的，则必须注意空间动线序列、文脉象征、时效性及多样性的柔性影响因素，例如商业街、酒店景观、户外展示景观、创意地产景观设计等。如果项目是以自然生态系统的保护和修复为目标的，则要以"环境为本"，需要系统了解其环境系统循环和运作机制，引用一套不同的原则方式、技术方法进行设计，其关键重点从空间实体转向时间规划与管理策略。

设计限定因素体系的作用

根据本部分的论述和介绍，可以帮助我们探索下面一系列问题：哪一种因素会成为设计的起点？该因素是否重要？哪一种约束程度的因素在决定设计形式？哪一种因素是造就项目成功的关键？产生对应不同的限定平衡点的在哪里？为什么一些设计师可以无限制、自由地做设计，另一些则不得不面对严苛的设计限制条件？……作为最重要的设计思考技能，该模型体系帮助我们更好地理解厘清设计目标、问题、过程的本质，增加采取适当的设计策略的机会；间接辅助设计师建立设计程序；帮助构建问题清单和评估与反思系统。但该体系并非设计方法的一部分。

如图 31 所示，在体系模型中我们能清晰地辨别出，越处于左上方的模型范围因素限定的刚性强度越高，趋于恒定不变，是外在的嵌套式向心理性驱动力，可作为设计中罗列、归纳、筛选问题和方法的线性推导架构，趋向收敛式线性思维。相反地，越处在右下方的领域则更为自由跳跃不受限制并富于弹性，但也更趋于变化、跳跃，呈现不稳定和不连续的特性，是一些内在的情感化驱动力，也是非线性思维产生并较为活跃的区域，趋于发散式非线性思维。如图 32 所示。框架为创作思考提供了边界和角落作为非线性设计的定向发散的基础，设计师可以以此为着力点起跳。

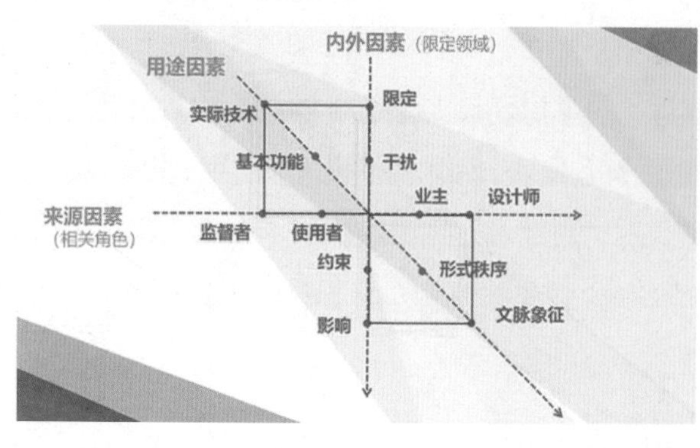

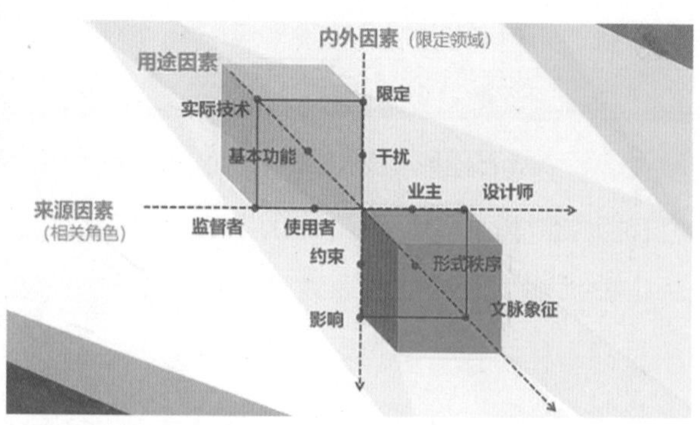

图 31　设计限定体系向量框架模型

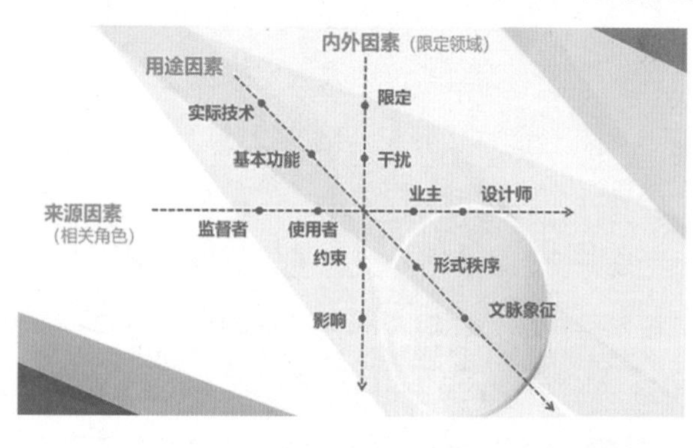

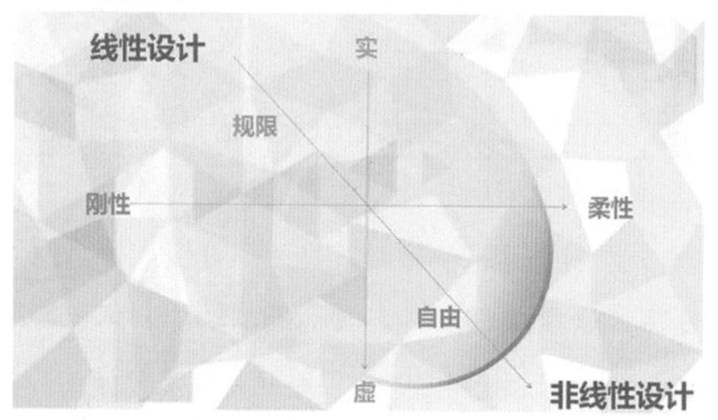

图 32　非线性思维活跃于向量框架模型右下方范围

设计是需要解决现实问题的外化综合性行为，不能像艺术行为一样单纯封闭，引用一句通俗的话“目标决定大局，细节决定成败。”而设计问题则决定方法，同一性质的项目处于不同阶段对应的目的并不一样，其影响因素也截然不同。方案设计阶段关注的是业主和大纲的要求，还需要深入研究使用者的需求，设定对应的具体服务与功能；环境设计师需要把这些诉求和约束整合、组织到空间中，无论在抽象的平面还是在具体的断面，以及空间细节上都能体现理念原则的结构因子，并以与之匹配的、非单一的技术和方式加以实现，而该过程和结果都将接受公众的监督。

过于关注线性思维可能会陷入“捡芝麻，丢西瓜”的困局中，而如果像通常的设计方式一样关注解决眼前问题的思考方法，则要为短视所产生的问题负责，这种方案会生成更多问题或使问题持续存在并恶化。但如果陷入系统思考，虽然知晓大局并建立了理念和原则，但容易受限于其中所有的可能性和走进无休止的考虑中，设计思路可能会被困住，最终什么都做不了。

运用设计限定体系的向量轴线，找到适当的影响因素平衡点，即以确定关键问题因素的杠杆点（目标与大局）创建量体裁衣、因地制宜的解决方案（个性化），再以差异性的定向模式实施细节（务实的、可视化的、标准化），这些手段和方法、形式均指向实现设计目的混合性和多样性。限制性的因素可以缩小设计师选择的范围，初学者常常需要探索完所有的限定因素之后（内外、来源、用途），才能学会一种平衡的设计本领，而有经验的设计师也不能担保可以绕开所有不必要的问题。

而这些互为限定的因素在某种程度围合出一种适度的平衡状态。一个解决方案要满足各种相对的甚至是完全相反的标准，这些标准常常来自设计师自身或其他三个角色，一般概念的标准是呈清晰的点状，但在设计及过程中这些来自不同维度的点，构成的界限是一个有范围和弹性的约束层面。标准在设计中并不是必需的，设计过程中的这些标准，具有一定的灵活性并能找到其折中的位置。设计师可以从上一个项目中归纳出来，业主和使用者可以从以往的经验获得它，监控方可以持续概括并规范它，但设计过程中这些都具有预设性，我们无法对还没有实现的可能性事物先下判断，所谓的标准是设计过程中的“马后炮”，成功的标准是在已知设计结果后才可能确立。体系中的约束因素就像细胞作用过程一样，把预设目标条件下理出的若干要素放在一起，通常会生成新的设计问题。不必困惑，这正是向解决方案迈进的过程，关键的问题因素和有效的标准会由广泛模糊的某个时间点或逐渐或突然变得清晰，这个过程是连续的但并不均匀。设计中每找到一个平行的点，都会触发另一杠杆点的出现，在框架体系的不同向量轴上，会找到启动找到下一点的位置，其方向也愈发清晰，并能基本确定设计大致的定位和走向，框架为创作思考提供了边界和角落，我们可以此为着力点起跳。

第四部分　非线性设计思维

1. 创意思维的速度

> 只有经过大量的、彻底的逻辑性思考和推敲才能得出最后那一点点“感性的要素”，而前面的99% 可能是说得清的，但最后那 1% 的感觉确实很难用语言表达。
>
> ——佐藤大《用设计解决问题》

在这里就是要阐述这“1%”的感性要素——非线性思维，由于描述起来着实不易，因此采取了与前面的清晰叙述不同的方式——积极地就案例、故事、教学实验、设计现象引入一些相关的问题，启发读者对非线性思维的思考，在线性框架的“边角”处，体悟非线性思维的含义及在创作过程中起到的作用。

非线性思维

我们先从一个有趣的教学实践案例开始，伊恩・罗伯特先生是华盛顿大学景观设计教授，2013 年受邀来到我校进行交流时，在他分享的景观设计作品和教学案例中，有一组给本科低年级学生布置的作业使我印象深刻：一、想办法收集一美分银币，越多越好；二、打印邮政收据小票，越长越好；三、做一个“失败”的绘画作品；四、写一封信，寄给未来的自己。

作业一，学生把各自收集的硬币放到教室大玻璃桌面上进行观摩分享，在众多硬币面前，学生异常兴奋，从一开始的观摩发展到在桌面上以各种方式摆弄，堆叠硬币，还有些同学忍不住爬到桌面上与硬币融到一起，罗伯特教授解释道，人天生就对于视觉的秩序、多样的形式有着偏好和执着。作业二，相较于作业一的热烈，这次学生是挖空心思地到附近的邮局索要更长的收据小票，他们有些选择购买不同种类的廉价小物品的策略，例如：回形针、便签之类的文具；有些要求邮局前台把同样的商品逐个罗列，在剧烈的竞争之下，其中一个学生竟直接与前台商榷购买打印收据的所有卷筒纸，课程还没结束，邮局方便请求伊恩教授不要再布置这样的作业了（他告诉我们，这是想让学生知道“设计就是解决问题”这个道理，没想到这个过程中就产生了问题）。作业三，作业难倒了班上一向学习优秀的乖学生，他们拿起画纸便自然而然地往“成功”的方向去作图，另一些同学则开始尝试平时没用过的“非正式”技巧和方法，漫无目的地自由涂抹，也有的用左手作画；一些调皮的学生显得特别兴奋，在“失败”的条件要求下“胡作非为”：有的在画纸上作没有视觉秩序的形式图案；也有的把纸张揉成褶皱团，再展开继续绘制；还有些捣蛋鬼为了帮助其他同学“失败”，直接在原作上打破了个洞……无论如何，因为有了不必成功的自由，课堂气氛被点燃了，在伊恩教授给我们展示这些作品时，还真能看到一些独具创意的作品。作业四，要求学生需要非常正式地把书写的信件放到带有邮票的信封里提交，学生都在安静地思索未来的自己，推断未来世界生活中的种种细节，沉浸在对未来情景中各种可能的想象，由于信件是写给自己的，大多数同学都以一种具有个性的表述方式进行书写。

虽然这场交流已经过去许久，但这些貌似与专业设计毫无干系的有趣作业会时不时跃出脑海，促使我对设计创作进行思考：也许不同人在不同的情况下的解读各不相同，但在这个教学实验中，至少可以领悟到关于非线性设计思维密切相关的几个内涵，我们应该充分了解并保留一些自身的天性，这些自发性的特质是富有能量的，是创造力的营养源泉，不能因为逻辑模式的框条而被过分克制。另外，设计是解决问题，重点不是卷案中表达的“话语”，而是解决问题所采取计谋的“行动”，因为手段是丰富多样的，因此与之匹配的视觉语言因素同样应该是多样的、混合的。相同地，设计的目标和标准经常不单一，我们不能也无法以整齐划一的方法和策略去处理动态多元的问题，情感化的要素是过程的驱动力，同时也渗透于解决方法的各方面。设计创作是一种有主观成分的“先验图示”，是对未来生活及活动内容的再建构与推断，当这种自组织的联想活动运转得越快越深入时，其越接近非线性思维的状态，这时创意越容易出现。

非线性设计的关键与时间的序列、节奏相关。然而当创意出现时，它并非匀速地逐个从中出现，相关学者把思维过程分成若干阶段：

> 最初的阶段，主要是思考者对身边的问题进行调查研究；下一个阶段，主要是让精神放松，让大脑得到充分休息；然后，一个解决问题的方法很有可能在最意想不到的时刻和最不可能发生的地点不请自来；最后，对于这个解决问题的方法，需要反复钻研、验证和完善。
>
> ——亨利·普安卡雷

从许多不限于设计创作的例子中，我们可以知道，创意灵感都是急速迸发的，有时候连我们自己都对这种瞬间的连续思想“动作”应接不暇。受访者称醒来时在脑海中出现了睡前不存在的解决方法，莫扎特在一封信中写道：“当我是，或者说好像是，完完全全的自己，完全的独自一人……旅行或在丰盛的饭后散步，或在夜间无法入睡——正是在这些情况下我任思绪畅流，取之不竭。”

> 我愿意反复检视自己的内心世界。在让自己完全放松、放弃所有束缚的状态下，去做、去成为、去说、去想、去感受内心的所有东西；与此同时，我还会跳出内心，从一个旁观者的角度，观察和理解自己。
>
> ——布莱恩·基南《邪恶的摇篮》

不是只有天才或设计大师才会那样，正如上述伊恩教授的作业实验案例中，每一位学生都富有这样的潜能。创造力并非属于不可知领域，灵感的出现不是看上去那么神秘莫测，想象力是可以锻炼的。非线性思考需要被外部条件因素触发，并且依赖设计者自身的特点赋能，我会经常在专业教学课堂上要求学生不必急于确定答案，而是先进行讨论、推断。同样的，设计师在面对若干解决方案时，不会很快地做出决定，这种“让子弹飞一会儿”的退一步“拖延策略”是为了迸发出更好的想法。非线性思维经常会呈现一种不连续的表象，其实是多个层面思考动作在高速运作时的一种表现，是以一种不同的时间单位、序列、节奏出现，如植物的运动慢速和高于1/85秒的高速运动闪烁，超出了感知的阈值而不易被人觉察。德勒兹形容设计创造是一种“来自内外矛盾张力的流速”，灵感、创意在适当的“轨道”中才会自然出现。

速度

获得灵感一般需要经历洞见、筹备、孵化三个阶段。初始阶段，是明确问题，并下决心解决它，这时在大脑中，相关的正式或非正式的设计限定因素会清晰地表达出来。在设计大纲和设计目标下，这个阶段很短，但如果约束条件不足够时也可能会持续很久。

> 实际上，我们这个时代最富想象力和最具创造性的建筑结构，都是对特定问题的回答，工程师的工作就是要解答特定问题，……我不能只是泛泛地设计一根柱子或一个拱，你知道，我需要一个非常精确、清晰的问题，就像你需要一个场所。
>
> ——圣地亚哥·卡拉特拉瓦

一个有趣的现象是，越是经验丰富的设计师在进行创造性工作之前，越依赖洞察清晰的问题而非答案。只有当具体的问题本身了然显现之后，创造力才能得到极大的激发。接下来是筹备阶段，有经验的设计师会很快得到答案，在洞察问题的瞬间，对应的方法就出现了，而该阶段的时间主要是花在后继的不可预测但必然出现的情况，对设计限定因素间冲突产生的问题进行权衡和判定，这个循环往复的过程需要决定：初始构思的“种子”是“继续生长”还是“彻底改变”，思维会自动地把众多的问题加以归纳，此阶段的进度一般都会较为紧凑，需要广泛涉猎、筛选可用的素材、深思熟虑推演构思，为孵化阶段构建“通道”做准备。操作中，无论最后要求拿出一个或多个方案，其开始构思时，一般会发展两条以上截然不同的思路，使用其中一条思路进行工作时，另一条思路休息。它们是具有潜在交叉影响的，这不是在浪费时间，而是在孵化灵感，有时候设计师对自己的想法还有些犹豫不决，而更多时候是不想错过孕育更好创意的机会。

按理说，工作到了在“孵化”阶段应该比较轻松，思想马上准备“起飞”了，而事实上，这时的大脑仍处在自动对前两个阶段所获得的各种信息数据进行持续整合和重新检查的急速运转状态中。这时思路很可能会暂时堵塞，出现凌乱和无序，较前一阶段更为激烈、紧张，在灵感呼之欲出的“前半步”，非线性思维异常活跃，创意和灵感似乎常常在这样的“情急之下”产生。这期间的不连续混乱状态就像我们平时找东西一样，总会把房间柜子翻个遍，而当所有的东西都翻出来，也是最乱时，意味着要找的东西也很快就出现了。连设计者本人都能清晰感觉到：创意马上被“找到”，或者答案“已经出现但还未来得及发现”。当我们感觉到这个时间点快要到来的时候，可以适当增加一些压力以催化这些时刻的到来，因为“答案总是在过程快要结束的时候，才会一股脑地涌现出来”。而另一种可能的情况则是，需要重回原先的设计问题本身，再观察解决问题的方法还存在哪些缺陷和不足。

设计创造包含了两个步骤：一个是思维的高强度活跃；另一个是让思维相对放松，不去有意识地花费精力。高强度的思考速度可以促使创作保持一定的张力，帮助人们迅速找到行动的方向，被认为是线性思维活动，而非线性思维则主管后者。关键的设计问题、灵感都是在这一时间获得的，是创意理念和策略原则被“孵化”前对项目所有因素和相关素材的输入与酝酿过程，这个过程需保持“不争”的状态，保持身心的平衡与愉悦感。创意一般会在第一步转换到第二步的过程中生成，而且是一连串的发生，当理性思维步伐再次交替出现时，就是对“捕捉头脑风暴中迅速变换的各种想法”做出判断，后继还会对第二步骤产生的对策、构思、方式进行论证和综合鉴别并做出调整，非线性思维会在步骤二时，随时发展或质疑已有的孵化方案。一般人看到设计师在高强度思考下突然找到灵感，获得解决所有问题的方案时，都感到万分惊奇，这其实是基于两个步骤以极快的速度交替运行。这种现象被英国 BBC 总部新楼的建筑师理查德·麦科马克形容为：

> 一位杂技演员可以同时玩空中飞舞的 6 只小球……一个建筑师的设计活动也像杂技演员一样，不过其复杂程度看起来超过了 6 只小球的旋转飞舞，只要你一不留神，其中一个球就会掉下来，当然，你的麻烦也就紧随而来。

快，是创造性活动的基本特点，但这些动作并不像杂耍一样动作相似、节奏均匀。设计问题不是一个只涉及一两个方面的简单问题，而是一大堆外部限定因素和必须同时被满足的思想、期望、标准，能将所有这些一个不落地立刻记住的方法，就是迅速地将它们“轮番换手”。当然这些思维程序和技巧都只是在“寻找”，不代表是立刻或必然能被找到的“宝藏”，但至少能被迅速确认某个寻找范围是错误的，马上回到洞见和筹备阶段重新出发。

> “就算是错的，也要尽快推进”。一方面，如果错了，可以尽早修正思路，如果错误时间太久就很难再重新开始了；另外，随着时间的推移，其他选择项也会渐渐减少。换句话说，迟来的判断比错误的判断更可怕。
>
> ——佐藤大《由内向外看世界》

智慧

一项针对具有杰出创造力人群的研究统计发现，这些富于灵感的人，均具有坚韧的品格和信念，他们对自身有着非常高的追求，自我评价普遍很高且充满自信，甚至固执己见，其中也不乏有不善社交、以自我为中心、直言不讳甚至具有攻击性的特质。

设计创作中，智力因素似乎扮演了某种角色，有专家指出："所有我们研究过的具有创造力的人群，在任何方面都没有表现出低智商。"但这并不能证明越聪明的人就越具有创造力。心理学家进一步采用与传统的智力逻辑思维测试截然不同的方法——运用多种可能的答案，采取开放性或类似脑筋急转弯的问题进行实验，更多的需要被测试者进行推断和想象，或寻找一些不同的角度和渠道去应答。面对这些问题，高智商者并没有特别突出的表现，正如伊恩教授的教学实验中，那些平时被认为"聪明"且遵守规则的优秀孩子，无法很灵活地完成那些作业，甚至还有些无所适从，而被认为平时不那么"乖"的学生则更加独立，在开放的条件要求下，能很好地朝自己的一套标准去实施，这类学生被认为是"创造型"。"智力型"的孩子在团队合作方面表现会更好一些，区别他们的主要因素是观察集中式思考和分散式思考方面的特点，这些相关的研究最后得出了一个关于创造力人群的有趣味结论——具有非凡创造力的人群也许并不好相处，但他们总是独立自信，因此，也不必为他们过分担忧。此外还有其他相关的更有趣的研究结论——中度拖延症的人比行动迅速的人拥有更活跃且高质量的创意，德国波鸿大学的一个研究小组在《社会认知与情感神经科学》发表的论文认为：

"这是一种同时处理许多不同想法或瞬间转换思维的能力。"虽然这些特质对一心多用很有帮助，但这也更容易使人分心，让人不能一口气坚持完成一件事，所以催生了拖延症。

这些品性跟我们平常的"优秀"不太沾边，这也是许多智力型人才所抱怨的，灵感与好的创意即使付出极大努力也未必获得，有时甚至出现"越是努力反而离目标越远"的情况。分散式思维是艺术创作的核心技能，除了艺术、绘画、舞蹈、乐器表演等，以及必要的勤学苦练技艺外，如果不投入足够的情感和心力是无法突围的，有人把这些称为天赋，笔者更倾向于把这种能力称为智慧。与艺术创作一样，设计活动同样需要智慧，智慧是良好智力在实际生活中的使用与表现，与"形而上者谓之道"有异曲同工之妙，智力则是"形而下者谓之器"。与智力不同，智慧还包含达到个体及群体预定目标的为人处事之道，概念范畴广泛而综合，能帮助我们在面对日常复杂难题时可以迅速做出明智的决策。

从字面上讲："智"指能动性，包括自动化，自学习、自组织、自适应化，是智商（IQ）的表征；"慧"字下方有一心，指与人的心/脑密切相关，指人灵性/悟性、人文化、变革力、创造性、创造性，尤其是人头脑的天赋创新力，是情商（EQ）与变商（CQ）的有机融合。

——中国教育发展战略学会人才发展专业委员会

本书所指的智慧，是对自然与人文的感知。智慧由我们与生俱来的好奇心、对生活的热情驱动，在不同的经历中持续生长。除了主体感性因素外，还包括大脑的预警——敏感度和整顿、管理——大脑“管家”两种机制共同作用，这些天生的特质推动我们进行思考，促使我们对自身感兴趣的事物产生强烈的直觉与共鸣，这些感触能帮助我们自发地进行探索，迅速、机灵地应对和处理现实问题并抵御侵害。与 AI 的智能不同，人类探索训练积累生长出来的能力，始终指向回归自然的天性——它不是理性经验的叠加累积和对已有事物组合“均匀扩散”的“加法”，而是在大脑记忆“图示”的基础上，以个性化的方式进行打磨、过滤、提炼，不限于明确的已有事物、素材信息，以“减法”的方式不匀速地发散想法与构思。通过一种朴素简洁的思路，去感知、应对复杂而有序的外部世界，正如设计创意经常会在一处细微的灵感源泉中喷涌而出。

2013 年 2 月，日本设计师佐藤大邀到瑞典斯德哥尔摩参加了主题为 green house 的家具展，名为“80 Sheets of Mountains ”——八十片山，由共 80 张、每张均为五毫米厚的激光切割聚苯乙烯泡沫切片组成（如图 33），展示了“缓慢”和“变化”的艺术空间。在这个空间里，还摆放了许多设计的家居作品，均为清一色的白板。当观众置身于这个素净洁白的空间时，有一种穿越雪地山野的奇幻感觉，选择的山体情景为载体，传达隐喻画意的虚拟感，将单纯的符号元素和故事性节制、含蓄地融入了展览活动体验中，产生强烈的情景交互感。在构造这个空间的时候，他们先切割出大品切片，然后在现场像弹簧丝线一样拉伸打开成立体的弧状，再将这些弧形的泡沫切面插入地板上由胶合板做成的小洞里。设计灵活地将平面的泡沫切面立体化，这样就极大节省了所需材料的用量，仅需一辆货车就可以完成运输。项目施工非常方便，包含地板的施工在内，一共只用了一天半，甚至不需要特殊工具，每个步骤都能轻而易举地完成。总之，这是一次在材料、运输、施工等方面都展示对环保和时尚空间主题的探索和回应，此外，场地还展示了该工作室设计的可自行拆卸或组装的办公家具（如图 34），这些作品都让使用者能参与到设计当中，亲自体会到创造的乐趣。

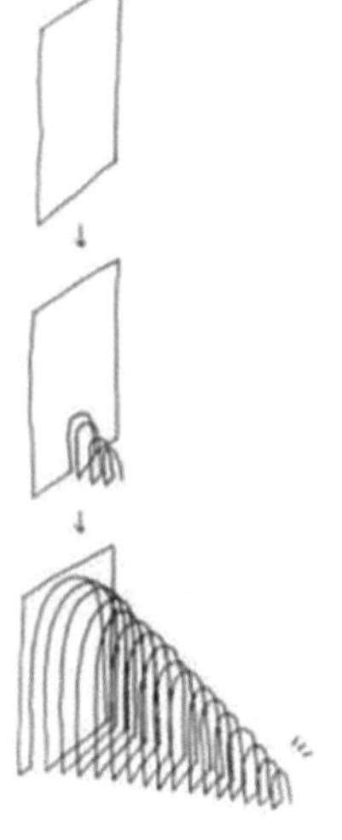

图 33 佐藤大展示设计作品“八十片山”及其设计草图

图 34　nendo 工作室可 DIY 组装的办公家具

设计师解释道："有时候，如果产品的完成度太高，反而会让使用者感觉到死板和拘束，好像是设计者强迫他们一样。"设计师可以尝试让自己的设计不要过于"满"，通过适当的空白，提供给观众更多的机会体验和参与到设计过程中。

小　结

创作思考是线性与非线性的思维动作，是类似杂耍的高强度快速思考往返，以便将彼此矛盾、不同的诸多因素联系在一起。设计思维由问题触发，被内在兴趣点燃，创造力是有温度的智慧。设计创意一般在若干不同向的构思交替中孵化，智慧的创作不是刻意地追求独创性，适宜比差异更重要。非线性思维决定设计创意的质量与走向，在线性分析结果的基础上生成直觉和体悟，具有实验性和探索性的特征。

非线性设计思维活动就像一场目标并不清晰的马拉松，需要在跑到某一处时才知道下一步的路径和方向，这些难以预测又必然发生的环节，需要运动员走对了轨道才会一一发生，那么如何才能找到相应的"跑道"，就成为创造思维活动能否流畅进行的关键。

2. 非线性设计思维活动环境

与线性设计思维相反，非线性设计思维倾向于质疑一些常规的问题，会对司空见惯的东西展开思考："它不是什么，那么还会是什么？""除此之外它还有什么用途？""它在不被使用的时候，会是什么样子？"……从一些非核心的边界区域去洞察问题，或在人和物之间找到投射的关系，寻找不同的标准；把一些相悖的因素错置在一起，关注错误和偏离的过程，注意偶然的启示。这时人们也许会对提出这些疑问的人也充满疑问，为什么设计师会产生这样的问题？是怎样的思考条件和环境下养成这样的思维习惯和看待事情的角度？

当下，对非线性思维的应用，如电脑的 RAM（Random Access Memory），突破时间和逻辑的线性轨道，随意跳跃生发，又如 HTML（Hyper Text Markup Language）提供超越时空限制的网状连接路径，非线性设计也被积极引用到参数化建筑形体生成的设计中。尽管如此，非线性至今仍然没有一个科学的定义。我们发现创作者多少会有一些拖延和凌乱的现象或特征，这些行为和创意的产生真的有关系吗？怎样的环境条件和状态下我们才能洞见核心且关键的设计问题？我们该如何捕获灵感？这些问题，并不好回答，也没有一个标准答案。

（1）白纸心态。让大脑随时快速建构、学习新的东西，获得灵感，首先需要掌握的一项本领，就是让它时时处于舒适状态。我们了解到创意经常在设计思考紧凑并略带匆忙的情况下一涌而出，但在日常生活中，我们应该注意善待运转思维辛劳的大脑，尽量让它处于放松的状态，不给它增加太多不必要的负荷。只要有条件就应随时放空思绪，多做些与自己兴趣相关、放松身心的事情，帮助大脑减轻负担，哪怕这些事情看上去并没有特别的作用，显得浪费时间甚至无聊，但要知道这是满足心智需求的"留白措施"。心智在复苏和打开时会更容易洞察到平常生活和工作中的细微变化，一方面是锻炼观察力、想象力和高敏感度的"创意素质"，在活动中生发和培育合适的意识状态；另一方面，可以为设计创作过程中快速收集将来"能信手拈来的创意"提供生活素材。

> 无意间的突发灵感会令人精神一振，拥有某些小爱好会令人关注新鲜事物，偶然的脑力衰退会令人忘却已有知识而产生崭新思维。对一名探索者而言，他的大脑就经常处于这种无意识状态之中，而他在其中学到的东西，则会在未来的日子里融入他新的思考当中。
>
> ——塞缪尔•约翰逊，《英语字典》(Samuel Johnson, Dictionary of the English Language)

非线性思维活动出现是带有任意性的，这种状况需要大脑待在一个松弛的舒适区。其中最好的办法是不要给大脑施加过多压力，而是提供它需要的环境，让它能更轻松地运转，才有可能思如泉涌。然而，就算是一日之内，大脑中也装了无数的东西，为了更好地照顾我们的大脑，要不断地关心、内观它的状态，比如出现"想思考这一类的问题"或者"现在我的大脑很紧张"这些状况时，就立即为它准备相应的条件，这样它就会很好地为自己工作。相关研究表明"一成不变的环境会直接增加人的压力"，因此我们在创作时，在持续相当长时间段都还没获得突破的时候，可以适当打破固定模式，刻意地干点儿完全不同的事情或换掉当前的思考环境，使得大脑往外"呼吸"，获得转变的机会。这种情况是需要我们大脑进行自我管理和安排，不然处于工作状态的我们有时候并不自知，大脑敏感的"预警机制"已经先于意识告诉我们某件事情或思考应该停止了。

相较于打破工作中的节奏，还有一种更重要的"不变"。虽然新鲜的环境有助于激发灵感，但在生活中，重复日常的同一件事情，诸如在自己习惯的餐厅吃午饭，点同一家店的饮品，甚至每次都点同一款……保持出自本心的节奏、步调——在平常的大多数时间中保持一定的规律，尽量减少变化的"保守做法"更为重要。因为变化往往是压力产生的根源，做同样的事情，成为一个"心力平台"，能让我们在关键时刻更有可能爆发出惊人的能量。即如对拳击手的肌肉来说，紧张和松弛的幅度越大，能爆发的力量点就越大，设计创作也一样，心力是需要平时的积攒和有序的锻炼而来的。

（2）快与好。设计创作需要在时间约束下寻找机会，传统观点是"慢工出细活"，大部分人都坚定不移地认为，所花时间和作品的质量是成正比的，然而在大多数创意思考时，根本不存在这样的规则。如前所述，设计过程具有行动与实践的特点，过程中“快”和“好”是趋向成正比的，节省时间是奠定非线性设计思维“自由起飞”的基础。

还是以拳击竞技游戏为例，出拳速度是否快是拳击运动员比赛取胜的关键，如果拳手把拳头抱着的时间太久，体力不但没节省，反而会在各方面都处于劣势，这种过于谨慎的防守策略用在设计上也没有优势。设计时，当可以支配的设计时间越来越少，大脑过于紧张的同时会附带不同程度的焦虑情绪，在这样的附加环境条件下，非线性思维无法很好地运转。设计师要尽量在最短的时间里把想法形成可沟通的“型”，然后把“拳”打出去，传给业主、使用者以及相关的技术人员。如果不是这样，无法跟进和验证这个想法的优劣。尽快“出拳”，哪怕打错了都具有积极意义，可以相继调整下一拳，快速地把握每一个“不完美”的瞬间，逐渐摸索到制胜的门道。很多时候创意和灵感就是在这个极速往返的过程中迸发的。

设计构思的速度如果足够快，意味着高品质设计的可能性大大增加，利用设计师节约下来的时间，还可能拓展出更具潜力的草案。如果我们能用三倍于平常的速度让创意生成，那么就意味着在同样的日程内，能拿出三倍数量的草案；能用三分之一的时间做草案，用余下三分之二的时间来调整、完善它。在这种情况下，即使第一个“种子”失败了，也有充分的时间进行补救，或者转而发展另一个，高速运转的思路和行动力能为业主和自己提供更多的选择和余地，并更能赢得各方的信心。正因为如此，高质量的创意与行动力密切相关，哪怕只是提前一天，其意义也可能是无穷的。在设计过程中即使项目还有时间可以支配，都应该有意识用省时原则以培育设计思考的“速度素质”，一旦创作思考开始，就如拳击游戏中的速度，让我们更专注于当下的问题。

（3）柔性创意。在前面的论述中我们注意到，许多设计师带有“偏执”的特质。非线性思维的特点是，思考过程中慢慢会拥有它自己的意愿，一旦有了一个想法或者开始以一种独特的方法观察某个问题，想要改变思考的方向就比较难了。在因素限定体系里我们了解到来自使用者、业主、设计师的来源因素是最为灵活和自由的，同时也是最难融合和妥协的。本体的约束因素容易趋向封闭，缺乏应对设计多重问题的韧性和适应力，在范斯沃斯住宅案例中，设计师强势专断的刚性思想，反而消减了“改变思考方向”的灵活能力和弹性，这种“刺猬型”的做法阻碍了设计思考需要获得必要养分的机会。所谓“养分”主要指可能同样固执、强势的使用者和业主更为本源的限定因素，如果不把这一个个独立的思想加以融合，非线性设计思维是无法游走到一条适当的轨道上。设计师如果持有单一的思维模式，对于解决混合设计问题是困难的，对应复杂的内外现实情况更是毫无益处，当思考经常陷于对抗的“堵塞”时，我们就需要及时调整设计师或业主过于“自我”的态度，重新调整可以妥协与折中的平衡点，不然就像范斯沃斯住宅案例一样直接“翻车”。

早期以欧美设计师为代表的设计风格，在 20 世纪 80 年代到 90 年代，大肆宣扬个性鲜明、形式张扬的设计理念。在很多人心里，对设计师便有着特立独行的印象，即“刺猬型”。而后来以日系设计师为代表的设计师转而以通过与业主深度交流、协助解决问题——他们不认为设计答案更多地存于某一方的脑海中，他们重视与业主或者用户一起，通过深入交谈，用全新的眼光思考问题，培育灵感，使得创意能更“柔软”地“发酵”多方思想。他们被认为是“狐狸型”的设计师，这种角色的形容与“设计”一词——充满幕后智慧角色的本意更为接近。

设计是综合投射了来源因素中所有诉求和思想因素的“全息图像”，并非某一方个体的理想。设计师有意识地做减法，抛开某些先入为主的想法和固有的观念，弱化一些刻意追求的视觉形式或策略套路，将思维“软化”，淡定地退一步洞察、聆听，创意在脑海发酵的过程是“打开”和“可渗入”的状态，这种创作思考状态一旦成为习惯，可以让设计师看到并吸纳更多意想不到的想法。

（4）灰度思考。“越是被忽略的地方越可能装着宝藏。”从大量相关设计过程的沟通、设计师采访和草图观察中发现，设计师愿意接近不确定性，愿意进行多项选择，面对互相矛盾的概念富有兴趣。他们不急于下定论，始终牢牢抓住一些模糊的想法，寻找每一件事物更多的可能性，一边冷静详实地分析客户的需求，一边努力为客户提供轻松且带有幽默的提案建议；面对各种造物的常识也仿佛想要细细拆分，一边想着如何改善现有的种种规则，一边不厌其烦地尝试去打破旧的框架，建立新思路。

灵感不可能平白无故地冒出，就像呼吸循环一样，需要输入——收集作为创意的“原材料”的信息后之后灵感才输出，通过不断地向外输出，我们的大脑才得以拥有更多的空间来储放新的信息。在“呼吸”之间，保持设计思考活动持续均衡的“养分”，我们不应该只执着于如何得到眼前的一个或半个创意，应该多去思考，怎样让这些新陈代谢的事物在我们的心智中形成良性的循环，促成每一次创作的稳定发挥。在日常设计工作中，即使获取的信息是一模一样的，结果也可能完全不同，有的人会得到很多灵感，有的人却什么也没有得到，这是因为人们看待事物眼光和角度不同。设计从业者，如果从一开始就戴着有色眼镜，那么生成的灵感便会带有个人色彩，会出现前文提到的设计师内部限定因素的负面作用，造成思维封闭、固化的情况，关注某些信息意味着无视其他信息，其局限性就会增加，只有一视同仁地审视才能建立全面的视野范围。

首先，不要非黑即白地看待事物，由于我们无法知道是哪一个信息最后有用，因此要让事物维持在“灰色界面”的状态。不要过早地把解决方案局限在某一范围，当我们非要把事物分出主次的时候，其实已经产生了偏见。我们习惯很快把东西归纳到不同的类别中，或在拆分问题时就把要素按优先顺序排列，这种惯常的做法，其实缩窄了审视全局的视野，会妨碍我们着眼于那些常人都不太放在眼里的、看似无关紧要的事物，丢掉了有潜在价值的“线索”。

在学习素材时要保持慢速，让这些信息尽可能深入大脑内部；接下来无论是数字、文字，还是业主、使用者的信息，都尽可能将它们在脑海中图像化。一经图像化概括，信息都会变得更加清晰，如果做不到把每一个信息都图像化，建议让它们以一种特定的颜色或简单的符号来标记，把信息转化成某种“意象”，成为创意的“原材料”。

另外，在“输入”信息时注意以中性平和的“灰色态度”去理解信息，不仅要将优点看作优点，也应该质疑其中的不足；如果内容有很多缺点，也要尽量转变角度，发现其他特性，无分别地看待事物，以平常心看待其长处和短处，最大限度且不带偏见地抓取有效信息。相应地，在“输出”时，不要舍不得将脑海中的想法释放出来，这样就算会有部分错误，或者重点有所偏离，但只要不断地有东西输出、调整，就能获得更多有益的“原材料”。为了让两者之间的循环变得更良好，注意不要让“输出”和“输入”搅在一起，比如可以试着以不同的工作时间段加以区分，一定要想办法让两者界限分明，不然容易造成一些混淆。

（5）玩心与无聊。设计需要掌握一个微妙的平衡，在设计经验和知识积累的过程中，需要克服和避免思维发生僵化，妨碍创造性想法的出现。要谨慎看待那种从一开始就聚焦于几个“核心问题”的做法。环境设计与某些线性思辨性的工作不同，它需要关联因素更广泛的综合平衡，精确度不必太高。

在非线性设计思考的时候，由于灵感不仅仅存在于认为可能存在的地方，所以经常会出现“明明就在这附近，怎么会找不到”的状况。与之相对，创意也会从某个你认为完全不可能的地方出其不意地冒出来。“越努力越不容易捕捉到好的创意”，当我们目的性太强或急功近利时，运用的手段和方式也会偏激，会不自觉地在自己面前树立起一层屏障，这会严重地阻碍我们的视野，无法发现一些关键的设计问题。反之，保持一种玩心，用模糊目光扫视全局，在关系的层面洞察问题，这时匿藏于核心视野周边的创意才会纷纷“现身”。

竞技场上的运动员，永远需要一边敏锐地观察周围情况，一边预测下一秒的战局，每个瞬间的变化都可能是至关重要的。羽毛球运动员会下意识地感受已经了然于心的比赛场地，但注意力并不只在视野的中心，而是运用余光扫视边线角位，对于他们来说，是一个瞬时领悟空间格局，做出距离、力度和角度决策的关键条件，在“双打”比赛中，通过周边视觉还能洞察到身后的拍档朝着哪个方向跑去，由于感知和活动的速度太快，观众都认为这是一种运动天赋或惊人的默契。在阅读时我们也经常用这种模糊扫视的方法，领悟主体结构的同时也能发现一些“边角料”的内容；在日常的课堂活动中，教师也常用这样的余视快速感受课堂氛围和学生状态。

设计中要想训练设计灵感闪现的能力，让隐藏于主体对象物周边的创意及时浮现于眼前，要注意平时的边界视野偏离训练。无论看到或认知到什么信息，都要第一时间将它和另外一个事物或内容连在一起观察，想着“那个物体好像这个东西”“这件个信息跟那个事件很相似”的联想习惯，自发地进行看似毫无效率的偏离思考，该方法的关键是无论你看到的事物多么无足轻重、无聊莫名，在视野范围内须把这些细枝末节点连成线，一边努力扫视边角，一边思考并试探连接，建立一个属于自身的“先验图示”。在不断重复的过程中，不仅可以在不知不觉中认知、掌握对细节周围的情况和信息，也可能把一些相似的事物连接、拼合，生成脉络，激发出新的灵感。有时候，玩着玩着就触碰到了令你回想到上一个项目遗失掉的核心问题……因此设计创作，特别是概念方案阶段的工作，是头脑的有氧运动，享受非线性思维在流畅跳动，类似于沉醉游戏时并非完全放松的愉悦状态。

设计者带着全然的热情和玩心做设计，一般铺开的面会更广，比别人思考得多，更倾向于做一些

“麻烦”的尝试，因为设计师可能会喜欢上伴随这些相关事件而来的其他事物，而且当遇到新鲜事物和阻碍时也会继续“玩”下去，这种非线性状态能推动过程中发现真正关键的设计问题，并能持续地在不同阶段找到突破机会。所谓机会分为两类：一种是没有意识到机会的存在；一种是看到了，但是觉得麻烦所以主动避开。然而，越是看似麻烦的选择，越可能蕴含有价值的机会，更可能带来巨大的获益，对麻烦视而不见，大多还是出于“玩心”不够。看到一个好的空间设计会自发地思考：“这是哪个同行，在怎样的条件下，抱着怎样的心态完成的，空间反映了怎样的生活方式和时代背景？”虽然这些方法不会起到立竿见影的效果，但坚持日常这些细小的思考练习，就会自然而然地拥有这种素养，在设计项目来的时候能轻松应对。

小　结

非线性设计是每个人都具有的潜质，是融入生活才能练就的智慧。设计问题总是以复杂、灵活的情况呈现，设计创作过程中的非线性是有着重叠分层的空间思维体系，在现实中并不是像线性思维一样有序地展开。需要平常生活的“隐性”训练，不妨多尝试对某一事件做出假设，再评估和判断，并在判断的基础上，从各个角度发散思考，引导自己提出更多的可能性，意识到用其他的思路同样能解决问题。培养对生活平凡小事的好奇心，多用开放性问题来提问，积极聆听，分析交流信息背后的含义。通过这样不厌其烦地尝试，非线性思维状态就能慢慢地培养出来，思考也变得更加灵活多样。

3. 非线性设计策略与技巧

设计师会通过哪些技巧策略来控制、发展自己的思维，从而形成某种思考惯性？设计师如何克服妨碍设计发挥多样性与创造性的各种障碍？一个具有非线性思维素养的设计师，会根据不同情况采取不同的设计对策，面对不同领域和不同项目性质的设计问题，采取不同的策略方法。通常在长期实践中会形成自己的设计原则和技巧，会有意无意地洞察问题和目标，懂得利用限定因素之间的矛盾获得创意，这些被选择的因素将会使预设目标、初始构思产生。

正如前文所述，设计师通过全面观察，会大致勾勒出设计的可能范围，引导出一些构思的“种子”，其中包含了设计问题的关键或者核心。之后设计师会利用这一初始方案，逐渐引入一些更次要或者更外部的因素进行修正和深入。初始概念不仅是激发设计过程的开始，它的作用还有很多。设计最后生成主导思想和想法，成为整个设计思路框架，设计细节就是围绕它组织并展开。有时候，几个草案的主导想法可以浓缩为一个主体想法，或筛选至最后唯一选项。设计师们给这一主体想法起了很多名字，最常用的是创意理念、设计概念、主题思路等。生发创意理念的技巧和途径是无限的，不同的人、具体的项目情况、设计不同阶段采取的策略截然不同，这里只提出八个经常用到的与非线性设计思维相关度较高的策略与技巧。

（1）反向引擎。即从相悖的地方寻找出解决设计问题的答案。外部接收的信息在一瞬间就能进入我们的大脑，并同时与之前大脑中已有的记忆进行比较，从而产生记忆，正是因为有了“图底”，“图面”的事物才被认知，把事物的某一面和其另一面互换位置，可能让很多看似疑难的问题迎刃而解。在粗放的毛坯房放置精致高贵的桌子、在粗糙的离缝砖墙涂抹上纯净抛光的润白面漆等，这些有意识的“背叛”，让思考得以自由。

几年前，在一个西安的古镇景观项目上，在第一次提案中我们按照一般的程序，充分挖掘地方文脉符号、风俗活动要素进行布局与设计，业主方要求我们把之前设计的成都黄龙溪一期的“龙溪”和江南水乡的风格进行结合，项目设计过程经常面对这些迟来并且“混搭”的要求。从技术的角度上来看，有些要素并不适宜混合，混搭出来的东西很有可能“四不像”，以后会产生不良的效果，然而这些棘手的要求正是激发我们进一步思考设计关键问题的机会。我们分析了业主的诉求，其背后是出于对古镇街区经营、建设投入等可行性因素的综合考虑，其中要求“混合”的两个方案都与景观中的“水”元素相关，是成为街区特色和带动商业活力的重要因素。因此，我们把原来的第一版提案做了一次“图底”“图面”的反转，即把古镇街区的“基底”——硬质铺装，与水要素的“斑块”——水景、水池、湿地、沟渠，做了互换，即把街道变成“桥梁”，聚集场地为“岛”，园建构筑为“水榭”，扩大了水的意境。把穿过基地排水河的水体引入南面商业街的“市井”和北面客栈区的归堂“回”字形的水源加以结合，以不同的水型和意境融入对应的场所机能，塑造游客的活动流线。

除了“图底”“图面”的倒置，反向引擎还会经常在“是与不是”、规则的里与外中寻找背离。我们提到过阿尼奥的 Pony 和 Tipi 椅子系列，让人们对一般判断和“椅子”的已有认知区别开来，从而认识到这不只是一把椅子。面对被设计物清晰的外部功能限定，反向设计的思路是“如果这不是一把椅子，那还会是什么？”当抱有这个疑问，脑海中就有新的空间去思考新的答案。在日本沙谷西武百货开业的女装店“Compolux”室内装修项目，设计师让百货商店看起来不像服装商店，让人们进入这里闲逛时，犹如置身“公园”一般。在审视店内的各个元素后，设计师把欧洲公园里优雅的铁艺栏杆做成可移动衣架，置物架的造型模仿公园里的长凳，休息区引用喷泉的象征装饰元素与试衣间结合，仿造户外的石阶，用混合多种颜色的塑料砖铺设店内的地面，制造室内外倒置的环境（如图 35）。

制造背离的思考可以快速打破设计瓶颈，在原本事物的表与里反过来看的过程中，脑海里的创意往往也会变得更好。面对同一件事物，有的人能得到无数启发，有的人却什么也得不到，这种逆向的非线性思维技巧，需要设计师平常反复练习，最大限度地反向寻找背离的主体。比如“这个旧社区的菜市街，还可以是什么？”然后接着想“如果变成高端的创客空间会怎样？”然后接着思考“为什么它会成为菜市场？”这样逐层深入剥开；“如果能在这里有一个动手创作、交流分享的露天的活动场地会怎样？”接着想“什么人会在这个活动场地玩？”这样一层一层地把设计问题扩展开来，新的灵感自然而然会慢慢浮现。在古镇景观项目案例中，第一版草案虽然被否决，但这种错误是相当重要的，我们在走弯路的时候发现了反向的着力点，是突围僵局、使思路变得清晰明朗的机会，创意质量也因此得到提升。

图 35　日本沙谷西武百货“Compolux”女装店实景

（2）拖延法。每一个设计的初始想法，刚出现时都是“柔软”的，但随着时间的推移，会渐渐凝固，设计构思是有“硬度”的。从脑海闪现的点子到画面，再平面草图、立体草模，是一个创意渐渐演变的过程，最后“硬度”越来越大。想法越是具体，越容易被理解，但同时排他性也越强，可想象的空间也随之变少。创意也是如此，当它以模糊柔软的状态存在于脑中的时候，是可渗透的，容易同其他灵感与信息发生反应，有“发酵”的空间。固化了的创意，即如炼钢时把烧红了的铸件往水淬火一样，设计概念“冷凝”以后很快会被制作出来，并存放于电脑，随着时间推移，如同一个过时的工具或器物被遗忘，很难有什么新的发展。

如何让大脑保特“柔软”的状态，使掌控灵感的“硬度”获得高质量的创意？而又是在什么时候把柔性的想法凝固下来呢？设计时，如有想到什么，先不要把灵感画下来，而是用文字的方式先把它记录下来，但不能特别具体，只字片语能提醒自己想起这个点子即可。如果有时候需要画出来，也尽量以更抽象的简图去示意，不能具象化。如果描绘得过于具体，就容易被这个形象束缚，设计便自然而然定型，这样，想法继续升华的机会就失去了。这时候，应该有意识地让“种子”的生长速度慢下来，将灵感“软化”，这时就会发现还有别的更好的“养料”和“燃料”。反过来说，当想法遇到困难和质疑时，也不必急于舍弃，保持这个可选项目，在发酵阶段对于同一件事情，今天定也行，明天定也行，那么最好选择明天定，在我看来，多一天的时间，让灵感在脑海中“浸泡”，虽然麻烦且并不干脆，但我也选择为这个过程给予足够的机会。

一个新的想法伴随着环境质量的改善和生活方式的生发，对待设计灵感培育阶段采取“稍微等一下”的拖延，是一种谨慎的态度，为等待一些必然发生、有价值的设计因素的渗入提供空间，在这个阶段要注意克制，控制对自身想法的干预强度，保持“灰度思考”，以最大限度保持孕育初始的构思。由于空间设计的理念需要落实到具体的器物形态并加以使用，创意才得以传播和解释，因此创意必然会进入凝固阶段，一般在以下两种情况会终止发酵阶段：一是可以支配的时间已经用完，二是设计师认为已经没必要再进行。

（3）比喻法。在风马牛不相及的两类事情中寻找共性，是一个有趣的非线性思维技巧，同时也需要更好的创造性素养。比喻技巧即如生活中人们把花隐喻为人，把美食的感觉引申为一幅画作一样，运用比喻的技巧，景观设计师在做概念方案时会饶有意趣地尝试解构一些相关词，诸如以“听得见的风景”“看得见声音”“触摸到的风”这些隐喻式的莫名短语启发创作灵感。

设计中经常提到的“灵感”，取决于能否从肉眼看不到的事物之中寻求价值，由外及内地挖掘、洞察事物的共性和关系，其关键是敏锐的联想力和概括力，越是八竿子打不着的事物，比喻的效果越好。该技巧的最大价值是一旦找到一个点，思路就有了“剧本”，找到了整个创意理念的“脊柱”，运用这一点各个击破，一口气解决多个问题。

2022 年，我带学生参加了一次策划设计比赛，出于对三星堆的浓厚兴趣，我加入了此次比赛的指导团队，设计内容是结合三星堆考古发掘现场、三星堆博物馆馆藏展陈的基础上，为三星堆博物馆设计一份文化创意活动策划书以及对应的文创产品。活动主题及形式为：研学活动策划、假日主题活动策划、文旅结合活动策划等。博物馆主办方有意在新馆建筑落成之前举行此次比赛，集思广益，在年轻群体里寻找鲜活的创意。参加比赛的有全国各高校各个专业方向的学生，美术学院的学生要想在这些竞争对手中脱颖而出，并非易事。在工作之余的时间，我带着学生重走博物馆和发掘现场，并对已有的文献资料知识进行“恶补”，面对这些和我们隔着几千年，精美绝伦的青铜片，禁不住着迷、猜想它的来历和缘由，而且还时不时有些新的推测跳出来，有一种猜想游戏的“上瘾”感，让人欲罢不能。

“剧本杀”“狼人杀”和“密室逃生”等真人游戏在年轻人群中很是流行，这些游戏的“瘾”在哪里？这时我突然想到了“猜谜”“玩”“难题求解”“思考游戏”这一股脑儿的词，这不是跟考古挖掘的三星堆文化沉迷于一个未知而神秘的答案一样吗？这时灵感应运而生，我梳理出三个关于三星堆假说的主流故事脉络，根据从旧馆到田园挖掘再到几层旧城廓址、文物坑位的不同空间布局资源特点，捋出三条可行的现场交通主要路线，把三个版本的“剧本”故事放到了这三条游戏路线上，以“传奇的起源”“星外之谜”“巴蜀流转”三个不同的主题进行引导。游客可以根据自己的兴趣，自选对应三条不同的故事线门票展开活动，应用“剧本杀”的游戏规则，让游人体验挖掘文物碎片线索，竞猜不同主题的故事答案路线，找到新的体验玩转这个神秘的故事（如图 36）。

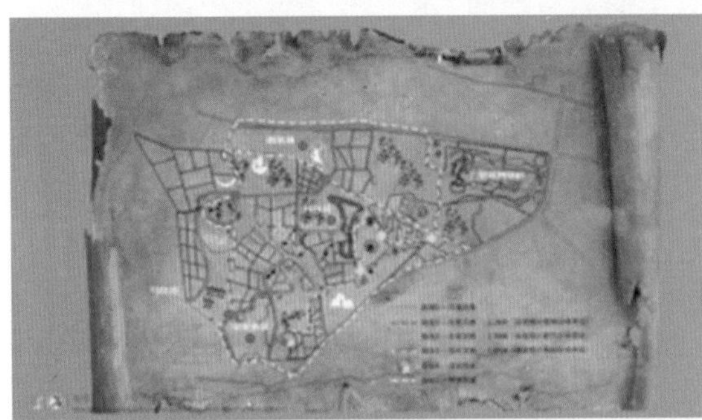

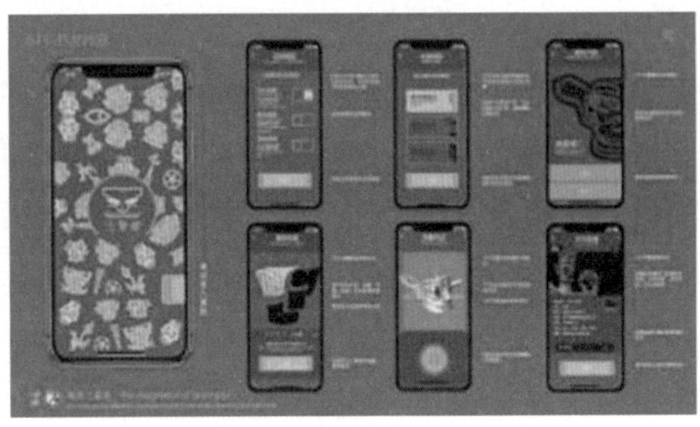

图 36　“畅想三星堆”文旅活动策划概念方案及设计示意图

游戏线路经过的场地根据：1. 自选故事；2. 第一轮搜证；3. 第一轮组内讨论（辩驳、举证）；4. 第二轮索证；5. 对外咨询讨论；6. 还原剧本。六个活动流程需要进行打造和布置，这个设计理念良好地解决了“目标受众群最大化”“充分利用博物馆场地资源”“深度推广三星堆文化”的大目标。后期学生还加入了结合手机 APP、全息投影的交互手段和 AI 工具进一步完善这个策划案。由于这个策划的点子比较新颖且具有市场潜力，多个场景的画面感又可以发挥艺术设计类学生的优势，我们这样的非考古专业“门外汉”团队居然意外地在七十个参赛队伍中获得名次。其实该设计是引用“剧本杀”的规则，并不算新颖，而这个创意的关键是找到了时兴的游戏和考古活动的共同点，不是看到表面的相似而是察觉到内在的一致性。

在设计操作中，可以先把那些在脑海中引起波澜的思路一个不落地存下来，罗列出两个事物的特点，然后排除掉完全不相同的特性，对剩下的相对接近的部分进行再对比归纳，将问题集中在很少的几点上，必须是非常简单且一目了然的共性。有的事物一眼看上去并无特别，但只要保持耐心，稍微转换角度再次观察思考，就能认识到它的重要性和优先性。

而实际上，这些点子的出现，更多的时候是我们的思维本来就在预设目标的暗示下“寻找东西”，加上平时的玩心与无聊的非线性思维习惯，瞬间就找到路径。可以通过游戏的心态去掌握，然后可以有意识地让它们在脑海中浮现，当然也可以写下来，偶尔回顾这些事物，可以是随机播放，也可以纵向重叠，或者横向并列，总之通过所有可能的方式找出它们之间的相关性。

（4）发挥忘性。这是人类大脑一个颇令人费解的特征，为了解决一个问题，在夜晚辗转反侧无法入眠，脑子里将问题翻来覆去想了又想，挖空心思可依然一无所获，但是当我们决定把问题放到一边转而关注其他事情时，一个完全不同的崭新想法又会不期而遇地涌入脑海中。对于一闪而逝的点子，如果过于执着，可能会陷入“怎么也想不起来”的困境，当创意久久没有进展时，要勇敢地终止或通过做别的事情及时转移注意力，当疲劳的部分恢复“精力”时，答案就自动浮现了。因为大脑是有预警机制的，它之所以在这里变得疲乏不堪，一定是因为它了解再继续思考下去也不会有什么收获，这时可以运用忘性，将下一个创意装进脑海。

研究证明“表象记忆会杂乱地散落在大脑皮层，永远在大脑留下印记”，相比于记忆，遗忘似乎更有难度。在思考问题的时候感觉到压力，就是因为这时候“我们脑海中还装着这个问题之外的东西”在不断地干扰和打断我们的思路，只有将其他事物刻意地“放下”，才可能在接下来的工作中更轻松地思考问题，如果我们的脑海中装的事情太多，思考就会变得难以继续，容易陷入泥泞。加快忘记的速度是学会“遗忘”的关键，无外乎以下两点：第一“让眼前正在考虑的问题告一段落”；第二“同时思考许多不同性质的问题”。事情越多，越容易忘记，反而更容易将注意力集中在一个又一个单独的项目之上。当我考虑某一个项目的时候，就只专注于此刻的一件事，各个击破，这样才能保证大脑相对轻松和高速运转，也更可能发挥非线性思维的优势，遇到精彩的创意。

（5）摸索边界。“意料之外情理之中”是创意理念被解读的最佳状态，需要把控设计发散偏离程度，协调好主次、内外之间“恰到好处”的平衡技巧——摸索规则框架的边界。质疑主流“正常的”“日常的”的东西，发现次要的“边界因素”价值，在本书建立的设计限定体系中，我们可以看到方方面面的约束因素，而这些限定并非要求设计师待在规则框架内，亦步亦趋地顺从，它的最大价值是将设计引向更高的跳板，而正因为有所制约，才会激发多元且惊艳的创作思考，所有的规则不是限制设计发挥的壁垒，反而是成就设计思想的一个“跳脱”和“逃逸”的基准，既是需要跨越思考障碍的“栏杆”，也是探索了解设计矛盾、“正确的设计问题”的重要线索，是持续前行的着力“框架”。

设计过程中，需要把握最主要的因素和相对次要的因素。而实际操作中难免只顾将注意力放在几个主要的优先因素上。比如：一般的设计住宅小区景观，首先想到的是中庭的公共活动区和主路框架，接着是组团绿地然后是边角花园；设计餐厅，首先是餐桌，其次是厨房，控制室、休息区等等依次往后靠，这就是设计中线性逻辑的管理秩序。但是如果次要因素站到了主要的位置，这种突如其来的“破框”做法，会产生怎样的化学反应呢？众所周知，商业街道设计一般是从主街开始，按街、巷、弄、里、坊的主次顺序进行设计，坊是一些最小单元围合用地，包括一些后巷尽端的边角地，由于没有什么商业产值，建设投入相对低，因此许多商业街浓妆重彩的设计基本不怎么放到这些“边角余料”上，但随着城市中心老旧社区、城中村、街区的老化，这些边角坊地成为公共安全、卫生风险的隐患处，因此，这个次要的因素在许多的街道更新项目里，都会“逆袭”成一个靠前的位置。

注重对角位、近端处的改造，“口袋公园”的概念被普遍地运用。以广州“永庆坊”为例，对于这些缝隙、失落空间的运用与更新摸索，不但解决了老旧混乱的环境秩序，还有效缓解老城市中心公共用地紧张的问题，无论是居住、商业、地方文脉推广方面都有很大的改观，具有“一点多用”的意义（如图 37）。这些畸零的空间反而成为老旧街区“复活”和展示地方差异性的主角。在采访报道中，主创景观设计师李中伟说：“改造项目面对许多旧的历史文化建筑、名人旧居，比如，早在 20 世纪 40 年代，粤剧艺人行会就搬来恩宁路八和会馆、李小龙祖居等。我们的设计策略强调建筑的更新、激活该地区的现有资源，避免原有居民搬迁和流失。这个城市更新项目很好地保护了老城区的历史风貌，保留居民对传统生活的情感依恋。”

图 37　广州“永庆坊”城市更新项目设计、施工及实景图

在平常的设计中要想找到相对次要的因素作为设计的切入点，也是需要技巧的。我们通过“灰度思考”的策略原则可知，设计中要平等对待非主流的问题，不要看到其偏离主体而避开，应该主动地去了解，这就是摸索边沿次要因素的关键。找到次要因素后，应该一边思考怎样平衡主要因素和这个非主流因素之间的关系，一边继续寻找解决问题的答案。在分析过程中经常会同时出现若干个非主流的次要因素，这时候就要像侦探一样，从项目预设目标内的“主视野”扫视到外边沿的“边界视野”，然后逐个排除，直到发现那个“意料之外情理之中”的角色。

（6）汇编设计。本文至此使用了许多次“创意”“灵感”一类的词，貌似一直在致力于叛逆、突破，而事实上，不少的环境设计项目，我们只需调整和连接，把已有的东西“汇编”起来再设计就可以了。经常会遇到业主由于时间、预算方面的原因，希望能用稳妥的方法，根据现有的材料和成功案例为蓝本进行设计和建设，并不需要完全从零开始做太多创意，但还是希望设计出不同的功能和环境氛围。而面对具体的场地情况，大部分都不仅仅是复制和“挪用”那么简单，同样需要设计师具有敏锐的目光进行甄别与提取，以适合的方式注入相应的具体机能，从本质上来说，这是一种特别的思考方法。

汇编技巧具有少量创意含义，且能够保证设计的稳健输出，匹配不同业主的要求和项目设计定位。它需要我们重新审视旧的作品，让它变得更加符合时代的需求和生活方式的变化。我们所做的只是抽取那些旧作品中的精华，再按照新的方式进行重组创新。类似波普艺术和达达主义倡议的表现手法，重组已有素材，而设计创作中鉴别“挪用”还是“汇编”，需要看重组后是否产生了“全新的价值”，如果只是对事物表象的可视化因素进行翻新和粉饰，核心功能和内涵基本没变，这样的情况就是挪用。

设计研究者杰弗里·布罗德本特，早在20世纪70年代就从建筑史研究中得到这四种设计技巧，把它们称为“实用主义方法”“图片法”“规范化方法”和“类推法”，并且论证了每种技巧在不同时期的使用状况。布罗德本特认为，一套完整的设计方法，就是设计师以某种秩序和组织规则运用上述四种技巧得出多个答案，然后从中进行选择。这种设计技巧是从①技术应用——利用现成材料、现成建造技术方法；②现有方案引用——通过修改和调整已有的解决方案，使之适应新的设计条件；③模式化——按照标准规则，例如：规划设计所用的网络、比例系统，以及其他类似的规则进行设计；④现有理念引用——参考其他相近、类似的领域、背景条件的设计理念或文脉象征手法，引用到具体设计中。

“通过对已有资源的修改、调整，使之适应新的设计条件”，设计师们可以事半功倍地避开设计弯路中的“坑”，也不错过其他设计师在相同问题上已发现的有效答案。今天该理论的前三种工具思维技巧已经被计算机信息技术平台纳入AI的工具箱很好地运用，但无论是人脑或是电脑，这些技巧都有一个致命的问题，即如果一个答案原本就是错误的，这种方法也可能导致这一错误一直无法得到修正，并产生新的问题。素材的环境很重要，这也是目前智能算法依赖训练数据暂时不能逾越的短板。

（7）留白设计。环境设计需要留出一些“空白”让使用者自行参与和解读，留白的技巧在二维平面上理解比较容易，对完整的熟悉形态，隐藏其一部分，剩下的由观众的视觉来完成。又如两个人在交流时，某人话说得太多太满，而另一人无法插话，最后变成了一个人的无趣演讲，反之，幽默的人把熟悉的话题只说一半，剩下的由另一个人去思考，或以更多开放性的话题，引入良好的交流效果。同样的，空间设计在许多时候是需要人参与到其中，产生映射并引发思考，正如前述案例“八十片山”通过感官的渠道，人的精神活动在舒适环境中得以展开。

不是所有创造出来的环境空间都需要精美绝伦，如果设计作品个性鲜明，那是结果而并非目的，在设计时注意不要被表现形式因素的制约而偏离“解决问题”的目的。由于任何类型的设计作品总需要表达意图，功能和传达用途合为一体，空间需要解释新制造技术、用途机能、生活方式等作用，“个性”是为了表达设计产品拥有者的某些生活方式和个性特征，规划设计、建筑、景观设计、环境设计具有公共场域的特质，不能仅屈从于单个独特性的表述。

现代主义设计运动更强调形式而非象征性。甚至那些最需要传播交流的设计领域，如平面设计和舞台美术设计，在现代主义时期，也会被认为是简朴得甚至到了冷酷的地步。

——布莱恩·劳森

很多现代设计的象征素材可读性并不强，对于观众而言成了一个智力竞猜游戏。如果玩得太过火，超出了观众的接受范用，就像当代艺术一样，充满着“自言自语”的封闭性。古典的象征手法一般是比较具象和直白的，素材也比较通俗朴素，一个大众熟悉的图案符号、色彩信号或直接引用具体的故事，与我们前面所说的“比喻法”非常相似，这种手段也成为后现代主义常用的技巧。在展示设计中，这些方法非常奏效，最明显的是戏剧舞美设计，它需要设计师在1.5维的空间里解说某个故事。然而，即使是象征技巧也存在抽象和具象两种不同强度的“留白”状态。

杨丽萍的《云南映象》区别于一般的民族歌舞表演，舞台除了表演道具以外几乎不使用任何具体的象征素材，看到的是光、影、雾的虚体轮廓，清晰地感受到一种凛冽、空灵的气息。舞蹈以及舞台的编排方式也应用了不同的手法：有群体舞者与单个舞者的对比；也有采用散点式的方法，舞者从各个方向以漫不经心的舞步逐组出现，而每组都能找到明显相似的点。善于运用渐变——呈现从单个到多个，从恬静空灵到热烈骚动的氛围转变；单人舞则以少到不能再少的背景衬托，使注意力聚焦在舞者和声效上；集体舞蹈则以并排集合刻意布置出充塞舞台的拥挤感，结合以重复整齐的舞步动作，以量感震撼观众（如图38中、下）。

在“太阳”为主题的基诺族鼓舞中，舞台整齐有序地放置了从少数民族村寨中收集而来的五个芒鼓，空旷的舞台有一种声音随即准备回荡的气氛，敲击表演是以一场天降大雨结束的，后来才知道这些“雨”是米（如图38上）。虽然只是戏台，但没有直接搬弄道具组合虚假的布景，而是对把原始舞蹈的本真元素和风俗故事进行重构，编排运用到舞蹈和舞台上。最大程度删减舞美装饰的极少主义仍然具有象征性，同样可以是观众领悟到“故事”脉络和情节，不同的是，在这个起点上，观众不知不觉地浸入到了舞台表演所投射的想象和感悟中。导游告诉我，杨丽萍带团员，也是跟自己跳舞同样的逻辑，“舞蹈无定法”，一开始也不纠正动作，只告诉团员要表现什么，让他们自由发挥。这样看来还真的和设计试错的非线性思维的方法一模一样。

图 38　“云南映象” 舞美设计现场实景图

在布罗本特的四个汇编设计技巧中，他倾向于认为第四种“类推法”最有使用价值，方法能快速地引向一个非常普遍的、协助设计师创造形态的策略——“叙事法”。“叙事法”可被视为“类推法”的延伸，但它比简单的类推法使用范围更广。“讲故事”的方法看上去有点幼稚，但大量资料证明，这种方法被广泛流行和运用，而且切实地帮助了许多设计师。

杨丽萍的舞台作品非常有带入感，而提到带入式“叙事法”的经典设计，就想到经典的柏林犹太博物馆。场馆是由新和旧两个场馆组成的，反差非常大，他们位于同一个街区的地下层，是互相相连的。但无论从建筑形式到风格都截然不同，像出自两个相反的时空，刻意呈现互相对立的割裂感。设计师丹尼尔·里柏斯金几乎把这种突出分裂的处理方式贯穿在整个新馆的建设中，与舞蹈表演不一样，他通过调动游客更多的感官去感受不适。除了运用大量小于 90 度的逼仄尖角尽端空间，和对称分叉通道路口等空间处理手法外，还制造引导游人体验行走到极为不方便和别扭的“流亡者花园”（如图 39）。这是为了让人们去体验犹太人在逃亡时期的迷茫、绝望和挣扎，引起深刻的思考和共鸣。设计可能会讲述一些关于“个性”的故事，这些“个性”决定了传递信息的性质和具体内容，规定了使用者在空间中扮演的“角色”以及他们必须遵循的行为“礼节”，在这个层面上，纪念馆环境空间就是一个现实世界中的舞台，而游人只是一个被“把玩”的角色。许多博物馆都会运用这种以清晰具体、寓意指向明确的“个性”故事，对传达目标信息很奏效，但在这个案例中，留白的“柔软度”显然不足。所谓柔软度就是使用者融入空间交流时“读不出”空间包含的意思，可以自发地在自己感兴趣或有触动的路径生发精神活动，这也恰好说明了如何拿捏“讲故事”的刚性和弹性，其本身就是一种重要的留白技巧。

图 39　博物馆中逼仄的尖角的尽端空间和对称分叉通道路口

我们可以看一下 SANAA 事务所妹岛和世、西泽立卫的“暧昧空间”，设计师不仅要把使用者放到空间本身构成的故事当中，他们还要讲述建筑物实际建造和用途机能的故事。受到伊东丰雄建筑理念的影响，妹岛和西泽的建筑设计风格一贯都表现出“流动的不确定性”。2010 年，坐落于瑞士的洛桑联邦理工学院劳力士学习中心，是洛桑理工学院的一部分，造价约为 9000 万法郎，这已是学院内第三栋由厂商出资兴建的建筑。学习中心内提供了的极佳的学习与生活环境，让所有的学子得以在这独特的空间氛围中彼此交流、学习与成长。20000 多平方米的单层建筑体，以连续的流通空间为学生们提供了 13 个不同功能的场地，以满足不同的活动需要（如图 40）。内透光赋予整片建筑“漂浮”的视觉景观，间接照明也使得建筑的流动走势更加均匀。透明的玻璃外墙体让你以为可以一览无遗，然而起伏的地形又不得不在空间中保持移动，因为只有这样才能看到前方隐约的景观，这也是充满隐喻性的“暧昧空间”。

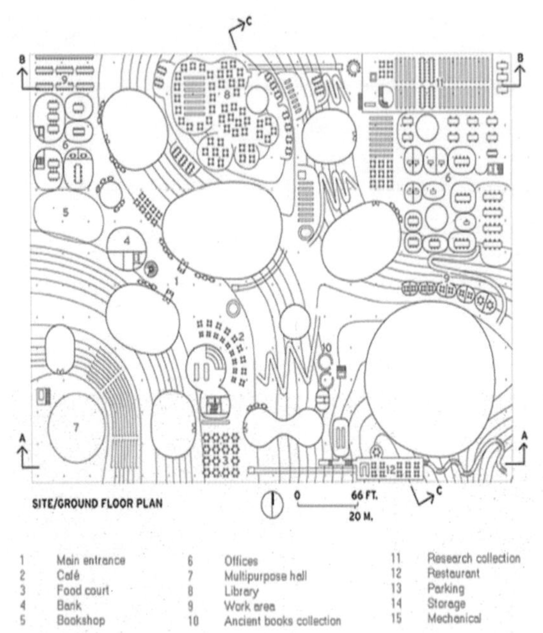

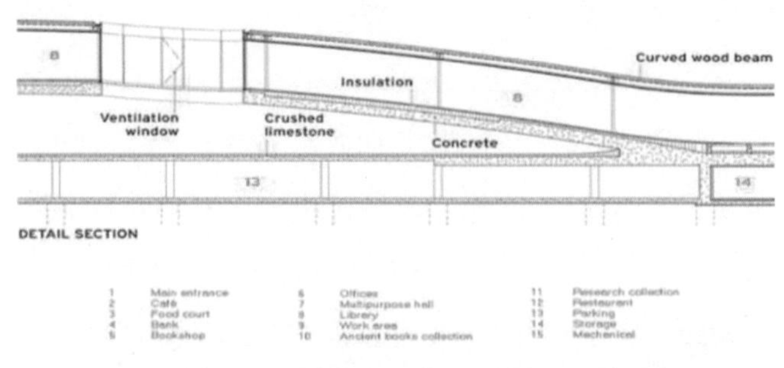

图 40　劳力士学习中心以连续的空间为学生们提供了 13 个不同功能的场地

劳力士学习中心工程最大的挑战在于结构的设计与施工。为了克服近 80 米大跨距无梁板的要求，采用了半球型的圆顶结构（穹顶），穹顶中间的钢筋混凝土厚度最高达到 80 厘米。为了精准施工，现场设计安置了 1458 块不同尺寸的模板以确保混凝土的灌注（如图 41）。劳力士学习中心内各式功能性的空间都包含在这一个大房间内，经高低起伏的楼板以及天井设计，将所有户内的功能与户外的湖光山色完美融合为一，“建筑空间诉说着建造的故事，观念交流与创意的启发的故事，人与人相遇的故事……”空间的流动性与穿透感在劳力士学习中心的设计里被体现得淋漓尽致。整栋建筑为一巨大的曲面楼板，没有任何明显的梁柱支撑。楼板中又开了许多大小不一的采光井。在其中感受到的是人、土地、远山、光影的密切交流（如图 42）。

图 41　劳力士学习中心超大跨度半球型钢筋混凝土结构顶板的施工现场

图 42　巨大且飘逸的曲面板形态结合许多大小不一的采光孔体现了空间的流动性与穿透感

SANAA 一直喜欢用不带任何信息的物料：白墙、玻璃、纤细的柱子，最大限度地引入自然环境：风、光、水、气的虚体因素等去创造空间的内外。有别于西方构筑中以墙体作用主角的方式，SANAA 以东方木构架体系的营造精神贯穿他们几乎所有的作品（如图 43），设计中最大限度地消减墙体在空间中承担的任何作用。无论是支撑的实质还是形式的表达，甚至可以说该公共建筑“没有墙体”，但有立面。而建筑立面在夜间能淋漓尽致地透射室内照明机能对外部空间的映射光效（如图 44），而构筑物的顶部则成为可视介质。妹岛的作品以一种匀质、透彻、纯净的流动感，让人们意识到构筑物中不同部分的微观关系，以及建筑、人和自然的微妙连接。建筑以柔软的留白状态，适应、平衡公共空间多个机能。以分散、细碎化、轻盈飘逸、连续而的“负”空间（如图 45），充满着对未知的精神领域的探索，抽象的混合表达手法匹配留白的软度，正好适应产生思想的学习中心场所。

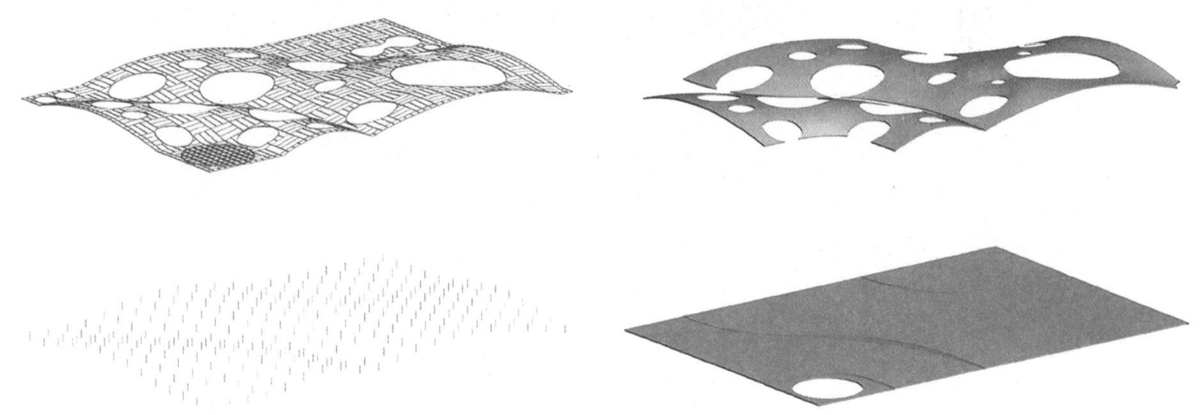

图 43　SANAA 以东方木构架体系的营造精神强调顶部并最大限度消减墙体

图 44　室内照明机能对外部空间的映射光效形成学习中心夜间景观

图 45　SANAA 设计的建筑留白空间

（8）双向过滤。设计师在工作开始时，似乎总会倾向找出一连串可供选择的解决方案，接下来再逐步精炼，最后是验证和筛选。还有一些设计师则更喜欢围绕单个想法展开设计，但他们并不固守一隅，而是随着问题的展开不断改变原有想法。一些设计师们则会将一些不完善的、可能相互矛盾的想法作为设计过程的一部分，允许它们在设计过程中共存、角力。无论是综合或是淘汰，每一步的取舍都是为推动设计能达到优质效果。室内设计师埃娃·伊日奇娜，通过对不同装饰材料的充分尝试和应用，有意识地组合创造出各种恰当的设计效果，她称自己的方法是“寻找故事起点”。她会把方案过滤工作放到每天的工作日程里，通过组织公司内部讨论、鉴别和客户、用户观摩评价，过滤若十方案，期间也加深了对用户的了解，随着分析和发展过程的不断深入，留下一个最终解决方案。

在诸多的选项中进行“检测”，想要一下子找到正确的选项没那么容易，但相对来说，要找出错误的选项，是比较容易的。日常工作中，我们一般先过滤错误选项，滤掉那些难以实现或无法解决问题的想法，及时删除错误选项，做决定的时候正确率自然就高了很多。余下的选项，可以用“正反分割”的方法，再加以过滤。正反分割是把否定一切的视角和肯定一切的视角先完全分开，这样“分裂”出来的两个观点，往往会朝着两个极端相悖的方向发展，一个是在否定一切后剩下唯一的可能，一个是在非常乐观地看待这件事情之后浮现出的最优质点子。同时拥有这两种思路，审视多个方案，在剩余想法中做一个选择，或者将几个想法的特点综合在一起，提出一个最终解决方案，最后的选择很快就能过滤出来。如果还是不知道如何选择，个人认为可以考虑选择“最初想到的”或“最难的”选项。前者是相信设计第一感的经验；后者是对麻烦选项的“信任”，因为它很可能是一个可以突围的有价值的创意，而且大概率能够应付设计后期及实施期间的诸多麻烦。

第五部分　平台与协助

当突然被朋友问“火焰是什么”时，我的第一反应是：居然有这么简单又原始的问题，真好玩。对于这个突如其来的有趣问题虽然答案并不那么清晰，但我已信口开河。聊着聊着才发现，自己对于这个生活中司空见惯的概念居然并不明确。为了迅速地找到答案，我习惯性地打开了手机搜索，而对于科普定义认为火焰是“现象”的结果，大家又开转换而从“物质”的角度去聊，这时思考好像又往里层多走了一步，话题最终以更多“稀奇古怪”的解释和疑问结束。一个好的问题总会让我们跳出“日常”的框架去思考，脑袋很享受这种“有氧运动”，而这些锻炼也成了我的日常。

设计师的思想好像不总满足于普通的、主流的解释，非线性的素养推使我们倾向于刨根问底地在普遍认知和质疑思考缝隙中摸索“心中那个满意的答案”，由此不断生发问题。和设计问题一样，生活中大部分的问题是开放的，没有绝对的“答案”，而好的问题具有很高的价值，身边需要有完全不同脑回路的人和有趣的灵魂，既是启发也是融合，亦可以是叛逆，这些都是非线性思维种子的土壤和环境。

1. 参数化平台

关于这个故事，我还进一步发现当下的人在思考时有意思的两个现象和习惯：一是向前一步的“前置解释”——急于诉说，用外在话语去塑造内在的思考路径，这种方式很容易受到表述形式的约束；二是“搜索依赖”，往往在思考还没开始时，我们便开始借助工具直接搜寻答案，省去思考的环节，通过手机连接的大数据平台成为除了大脑以外的另一个重要“器官”，大脑反而被“闲置”了。

多年前，面对课堂提问，学生已经习惯并流畅使用这个身外的“器官”输出答案，习惯直接把答案挪动到语言表达上。如果说我们这一代是网络“移民”，那么他们就是“原住民”了。与学生闲聊时，发现他们好像并不太相信人脑思考出来的东西和答案。当下人们的娱乐、学习、社交、工作都已经深度融入了这个“虚拟社区”，对“大数据”和“类脑智能”工具的日益依赖已成定势。有意思的是，当计算机在努力模仿人脑时，人类却努力地把思维变得越来越工具化。类脑智能的概念是指受人脑神经运行机制和认知行为机制启发，以计算建模为手段，通过软硬件协同实现的机器智能，是发展人工通用智能的计算基石。中国科学院院士、广东省智能科学与技术研究院院长张旭曾说：

> 以往受限于科技水平，我们在类脑技术方面缺乏相应积累。现在，大家逐渐研究出共同的想法和做法，比如把生物体大脑中的神经网络体系设计为集成电路的芯片体系。……首先是人工神经元，它是类脑科学原理、神经科学原理、计算机技术、类脑智能算法等各方面融合研发的产物。
>
> 其次，是把这些神经元连接起来，形成一个能够处理信息的神经网络……芯片是应用研发的基本硬件，人脑的神经元数量约有 600 亿至 1000 亿之多，但目前世界上最大的类脑芯片只达到亿级神经元，限制了类脑智能的效能。

当下的 AI 暂时只处于对数据过滤器工具的基本算力范畴，与艾达 · 拜伦早期提出的用计算机作为“分析引擎”的理想还是有相当大的差距，甚至不是同一个维度的内容。她是第一个认识到机器除了纯粹计算之外还有其他应用的人，她认为计算机应具有分析力，提出了有关“分析引擎”的理念。如她的笔记所示，“该引擎检查个人和社会如何将技术作为协作工具”。这个理念和愿景被称为“诗意科学”,超越了当时包括计算机之父巴贝奇在内只关注单纯的计算机或计算数字运算能力的主流思想，成为类脑发展的方向。参数化技术以受人脑启发的方式及处理数据，通过函数变化的向量和映射关系，建立交叉关联的“神经网络”（如图 46），模仿使用类似于人脑分层结构中的互连节点或神经元，尝试产生分析能力，但由于芯片的神经元技术局限，到目前为止，虽然能在自然语言处理和自训练能力方面有革新性的发展，但从“强大的自学能力”到“对复杂随机问题的分析能力”还有很长的路要走，其本质上依然是一个过滤数据的“筛子”，“非线性参数化”是对“解释性”和“生成性”图解方法的运用，把几何和比例以“形式语法”的方式编入计算机程序，生成图像。

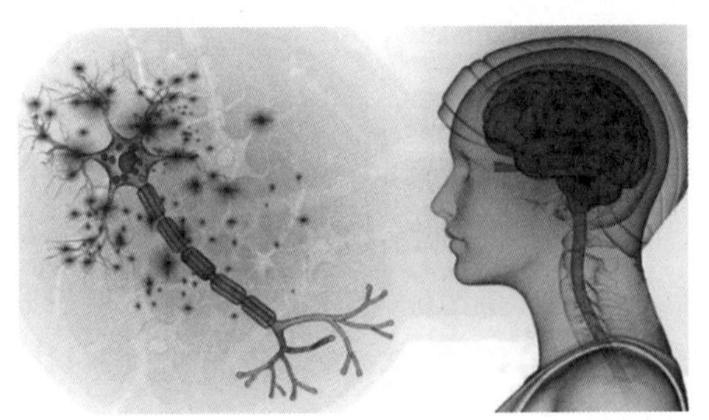

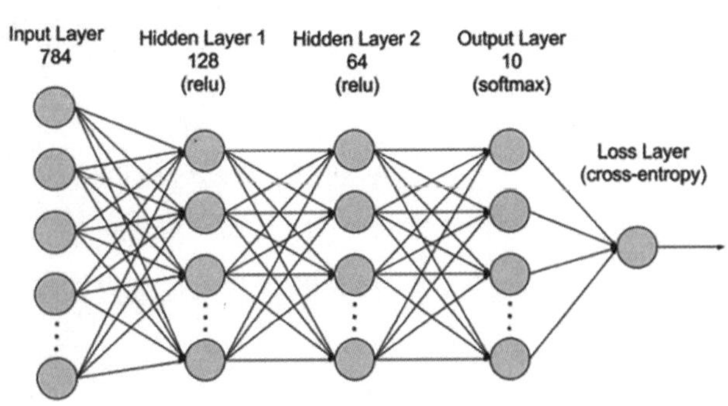

图 46　以分散、细碎、连续的方式组织，形成适宜精神活动的“负”空间

目前 Midjourney、Stable Diffusion、Fotor、Image Generator 等图像转换器，主要运用类似前文提及的杰弗里 · 布罗德本特的四种设计技巧——“实用主义方法”“图片法”“规范化方法”和“类推法”——生成可视模型。把“形式秩序限定”条件转化为几何和比例方面的规则，只需输入对应设计流派、功能、场景特点与要求，平台就能“扩散”出多个可视化模型，填入“是什么”与“不

是什么”，或进一步的范围限定指令，答案便可输出，能有效促成某个特定设计师或某一历史时期风格的设计作品出现。实际上这是应用前文提到的实际技术、基本功能、形式秩序、文脉象征这四种因素的设计用途的限定体系逻辑框架，把已有素材（数据）放进机器，通过大数据平台信息的运算并筛选出符合条件的答案。其实这种思维技巧并不新鲜，从古代的《维特鲁威人》，到文艺复兴时期建筑师帕拉第奥和阿尔伯蒂对古典几何体系的复兴，再到柯布西耶制定的人体黄金分割比例体系，再后来柯林·罗、彼得·埃森曼通过“透明性”叠合记录的形式主义研究方法都有所体现，只是思维逻辑以前发生在人脑的，如今发生在器具上，其敏锐而简单的结果运算、筛选的执行力把人类左脑的智力因素发挥到了极致。

参数化平台运用“生成性”图解方法，对于一些设计中能清晰描述的条件，例如设计构筑物内外以及环绕建筑物四周的清晰线路及联系，以及对于环境因子中日照、风向、温度及人群流动方向等有规律变化的明晰信息具有强大的自学能力，能“得心应手”地发展出若干应对策略和建议，例如 Quant 分析器就有强大的试错和向量化“回测”能力，能有效地分析经济数据并给出策略。但对于一些复杂事物的内在联系，例如生活事件和社会问题现象中的非正式和偶发性关系分析却显得“束手无策”。参数化数字图解技术大量用于设计生型、拓扑优化领域及场地分析的领域，其中 Rhino Script 比较流行，通过静态（固定，线性序列）— 流量控制（跳过和重复行）—变量控制（逻辑和数学运算）—输入和输出（用户交互），取替了原来一个口令对应一个动作的僵化方式，透过流量控制可以跳过或者重复某些命令行，而变量控制则可以创造出逻辑与数学的运算，“输入输出”则是使用者与 Rhino 之间的互动，使用者可以送进许多种类型的资料，在经过运算之后，以许多种数据形态输出。而在 Rhino 环境下运行的 Grasshopper 则有强大的场地分析能力，对环境场地活动进行关键数据收集后，通过输入标高点，生成地形，通过方位及坡度分析确定正确有效的阈值，提出具体的协调方案与优化决策建议。另外，流体动力学模拟软件 Real Flow 平台，提供了艺术创作的设计工具，如流体模拟（液体和气体）、网格生成器、带有约束的刚体动力学、弹性、控制流体行为的工作平台和波动、浮力。清华大学建筑技术科学系研发的 HVAC 系统模拟软件，为环境的相关研究和模拟预测、性能评估优化环境设计性能提供了平台协助工具。

借助参数化平台快速生成可选项，比拟、推演空间形态，能有效辅助设计，但所有这些都是工具产品，均是对已有的素材（数据）进行叠加、训练、统计、概率分析，通过相关指令进行“闭合系统思考”[1]的流水线生产，和人类右脑的“探索性思考”暂无可比性。那么在这样的工具平台环境下，设计师应该承担什么角色？怎样流畅地融入这工作流当中？非线性设计思维该如何在计算机的帮助下实现协同工作？这些问题已经或正在频繁产生。

1 本书第二部分第 6 章“设计思维的双面性”中，剑桥大学心理学教授巴特利特提出的两种富有价值的设计思维模式——“闭合系统思考”和“探索性思考”，分别代表理性与感性两类思维模式。而类人脑智能则属于典型的闭合系统思考。

2. 游戏训练

既然知道，线性思维的那部分已经被"聪明"的机器代替了，那么作为创造未来的设计师，如果还停留在工具思维的努力运算中，似乎已经不合时宜。当下的情况，反而更需要克服线性思维惯性所带来的障碍，增加思考的灵活度。线性思维者习惯于非黑即白，非此即彼，因此对于一个问题，我们要有意识地要求自己想出两个以上的思考模式；另外跟不同的人建立联系可以培养同理心，拓宽视野；平时也可尝试掌握身体语言的互动。很多时候交流是非语言的，一些身体语言、表情，都是叙述者或倾听者所表达语言的强有力补充，可以有意识地锻炼观察能力，尝试理解别人的身体语言，练习敏锐的领悟力和直觉力。此外需要注意识别自己知识领域的盲点，比如同时阅读两本书，一本是自己最喜欢的书，而另一本是从来没想过要去看的书。通过这个有趣的阅读策略，我好像找到了完全不同领域的"朋友"，发现自己的盲区，拓宽视野。关于非线性设计思维的培养方法和原则在"非线性设计思维环境"部分已经有详细的介绍，但是对于习惯线性思维的人来说，其本身就对"跨越""破框"的尝试存在惰性。在辅导学生时我还是明显地发现了这一点，如果老生常谈地要求他们按上述要求去做，其实并不一定奏效，从他们的设计情况看，可以明显感知这些非线性的训练和动作在他们的思考中并未发生。大部分初学者，还是习惯地预先陷入某个框架之中亦步亦趋地分析、寻找和筛选解决方案，依然是用线性思维工作，并且也停留在理性分析里，"破框"的情况并不多，而且他们的逻辑运算速度远比不上机器。

开放大学也叫"公开大学""空中大学"，从20世纪70年代就开始远程教育，当中许多的学生都在校外接受远程教学，学生可以使用校内48公顷的土地以及各种实验设施来进行研究。其开设了名为"人造未来"的课程。教学小组发现，"如果不去有意识地帮助学生，不带偏见地关注真正的问题，学生们就无法与导师在同一层次上进行交流"。教学是难以展开的，也许正是因为这个原因，雷吉·塔尔博特和罗宾·雅克发明了PIG（问题鉴定）的游戏。

虽然就这个游戏本身而言，把设计过程切分得过于精细了，并不适合直接运用在设计实践中，但游戏背后的想法却很有价值。设计师将设计问题精炼成一套简明扼要的要点大纲，以便抓住重点，找到重要问题之间的关系。然后，设计师再将这些问题间的关系，即被游戏发明者称为"问题对偶"的关系进一步发展，直至扩展成为对问题的某种理解。设计师在游戏中主要运用五种技巧进行思考："冲突与争论""发现矛盾""复杂化""机遇""寻找相似性"。这个游戏可以一直进行下去，因为设计师在设计时会反复处于"争论"状态；或者不断从不同视点观察事物，发现矛盾点或者一再发现事情并不像原先设想的那么简单，感知现实问题的"复杂化"。同很多创造性技巧一样，这五种技巧会帮助人们自觉改变思考方向。而这种有针对性思考的游戏训练平台，在环境设计专业的领域还存在广阔的发展空间，在还没有更多的这类训练游戏软件推出时，建议初学者可以多玩一些推理游戏，无论是真人还是虚拟游戏，都有利于锻炼推断力与想象力。

3. 与人协助

人所处的环境对非线性思维很重要，是扩展思路的必要方式。设计思考是专业团队、业主、使用者甚至其他不同的人思想的糅合。大多情况下，人是充满个性的，业主和使用者的风格形形色色，对最后设计的要求也可能五花八门。与业主或使用者商议、沟通设计构思，是设计工作发生变化的最重要环节，能直接看出自己的创意走向和其他人想要的是否存在出入，一同探讨这些差距和矛盾的点在哪里，这种差距的范围在哪里，在哪个程度彼此可以互相妥协、折中。认真倾听意见的同时，需要像记者一样，以开放性的问题让对方进行评价、畅所欲言，洞察其真实意图；以收敛型的问题使其参与到设计预设目标相关的描述交流中。建筑师罗伯特·文丘里也认为，让利益相关者参与到设计中来的观念非常重要，但同时需要很高的技巧。

……有时你需要大声说出你的想法，自由地说出一些话……如果客户对你有信心，就有可能引导出一些有趣的东西……我认为建筑设计的工作必须合作，从客户那里我们能学到很多东西……我们一些最好的想法就来自客户。

让业主参与到设计当中尤为重要，虽然听着有点儿增加麻烦的感觉，但只要对这个关键角色的资源运用得当，发挥本源限定因素的作用，其可提供的突破设计的协助价值远远高出任何的智能技术平台。

另外，与团队内部成员交流，是发现思维盲点、“众筹”创意的过程，讨论草案时应该尽可能营造轻松的交流氛围。在团队人员的选择上，应适当地组合个性鲜明的成员，这样小组产生的想法就越有可能丰富多彩。一个项目的创造性，不仅仅只发生在概念方案阶段，它贯穿整个设计内外过程的细节与技术层面的不同环节，需要多个方面的能力和大脑的互相启发、支撑才能流畅运转。从一些有意思的项目运作实例中可以发现，团队中每个成员的个人实力都偏优，且受教育背景观念相近，所发挥的团队协助效能比各有长短、个性差异性大的成员组合要好。

项目负责人或主创设计师需要为每个组员预算出合理的工作时间段，规划好交流的时间节点，构建较为宽松和有节奏的工作时间，营造良性的人力协助氛围，激发创作和交流热情。虽然项目运行可以支配的时间一般都是有限且紧凑的，但对于协助资源平台的构建、运用的投入时间是关键且富有巨大潜在价值的。其实解决设计问题的“答案”早已存放在交流场所的谈判桌上了，设计师需要找到打开话题的“柴火”，点燃思想交流碰撞的过程即是触发设计灵感的“火焰”。

结束语

最近，虚拟场景设计类型项目逐渐增多，进一步拓展了环境设计的应用边界，游戏开发者与建筑师、景观设计师、环艺师之间开展深入紧密的合作，这样设计限定体系中又增加了完全不一样的角色。相对于文脉象征因素，实际技术限定因素退居其次，把创造纯粹的“精神场所”的虚拟环境类型独立出来，马克·第亚尼笔下的“非物质社会”已经开始高速运行。作为物质载体，环境是难以切割出来的领域，它不但与社会生活中形形色色的多元现实紧密相连，从一开始也与虚拟的精神世界裹挟在一起，既是“场”也是“物”，景观环境塑造中经常提到的共同回忆、“意境”、认同、“场所感”等相关的精神活动都指向该场域。

目前，线性设计思维工具虽然有强大的学习认知和生成图形的能力，但不能自组织地描绘未曾发生过的事物，也暂时无法开展哪怕是一点点的想象。但在眼下系统化、智能化平台工作环境条件下，设计思考依然倾向线性的工具思维，这样就有点儿“角色颠倒”——机器在努力模仿人，而人却变得更像机器。设计思维活动只指向“结果因素”而非“认知因素”，线性思维工具可以帮助挖掘创意的“宝藏”，但无法在汪洋中准确地探测到宝藏的位置，在这种背景下，我做了一次对非线性设计思维的冒险探索，撰写本书也充满着非线性的意味。如第四部分中伊恩·罗伯特教授的作业“写给未来的自己的一封信”，即是训练这种在充满期盼和热情的感性状态下进行天马行空的思考，随着想象的不断展开，大脑也更为柔软灵活。在设计想象中能大胆描述理想、推测活动，这样的思维无论发展到哪种程度都是有益的。

非线性设计的思维动作即如德勒兹所说的“游牧”状态，具有广阔的边界视野，能瞬间处理多个需要思考的问题。非线性思维是一种大脑自然状态下复苏的智慧，本书提出了非线性思维素养的“隐性”培养策略，也提出了不少与平常思考相悖的原则和方法。其中，第三部分的“从答案出发——非线性思考的起点”，利用初始“种子”构思的雏形预设目标，在目标中分析，寻找与最终方案相匹配的问题，使搜寻“正确的问题”变成创作活动的关键环节，设计限定因素间本来就具有相互投射的关系，在创作思维中“原因”和“结果”可以互换亦可以并置，这也是本书对非线性设计思维“勇敢而荒唐”的理论探索。

随着撰写的完成，我的内心又延展出更多的问题，然而这些问题与写序言时已经完全不同了。随着思考半径的增长，疑问的周长也在不断扩张，新的思路和想法又在这个“边沿线”上持续生发，这就是非线性思维的无限性。本书部分观点出于断想，衷心期待所提及的设计过程解析、因素限定体系、非线性设计思维等内容和建议能成为一块“板砖”，能被设计爱好者、同行、师长、设计理论研究者们加以鉴别、运用、验证、批评，引出更多、更好的问题。

参考文献

[1] 布莱恩·劳森 . 设计思维——建筑设计过程解析 [M]，范文宾译，北京：知识产权出版社，2007 年第 1 版 .

[2] 吉尔·德勒兹，菲力克斯·加塔利 . 资本主义与精神分裂：千高原（修订本）卷 2[M]，姜宇辉译，上海：上海人民出版社，2023 年 3 月第 1 版 .

[3] 赫伯特·西蒙 . 人类活动中的理性 [M]，冯怀国等译，广西师范大学出版社，2016 年 12 月版 .

[4] 克里斯托夫·亚历山大 . 建筑永恒之道 [M]，冯纪忠、周序鸿译，北京：知识产权出版社，2004 年 6 月第 2 版 .

[5] 克里斯托夫·亚历山大 . 建筑模式语言 [M]，王听度译，北京：知识产权出版社，2002 年 2 月版 .

[6] 唐纳德·A·诺曼 . 设计心理学 3：情感化设计 [M]，何笑梅、欧秋杏译，北京：中信出版社，2015 年 6 月版第 2 版 .

[7] 徐卫国 . 参数化非线性建筑设计 [M]，北京：清华大学出版社，2016 年 5 月版 .

[8] J.P.Guilford,The Nature of Human Intelligence[M],2nd ed.New York:McGraw-Hill Book Company.1967.

[9] 刘松茯，李鸽 . 弗兰克·盖里 [M]，北京：中国建筑工业出版社，2006 年 6 月版 .

[10] 吴家骅 . 景观形态学 [M]，叶南译，北京：中国建筑工业出版社，1999 年 5 月第 1 版 .

[11] 约翰·罗贝尔 . 静谧与光明——路易斯康的建筑精神 [M]，成寒译，北京：清华大学出版社，2012 年版 .

[12] 简·雅各布斯 . 美国大城市的死与生 [M]，金衡山译，南京：译林出版社，2006 年 8 月第 2 版 .

[13] 柯林·罗，罗伯特·斯拉茨基 . 透明性 [M]，金秋野、王又佳译，北京：中国建筑工业出版社，2008 年 1 月第 1 版 .

[14] 隈研吾 . 负建筑 [M]，计丽萍译，山东：山东人民出版社，2008 年 1 月第 1 版 .

[15] 杨凯麟 . 分裂分析德勒兹 [M]，河南：河南大学出版社，2017 年 11 月版 .

[16] 佐藤大：用设计解决问题 [M]，邓超译，北京：北京时代华文书局，2016 年 6 月第 1 版 .

[17] 佐藤大，川上典李子 . 由内向外看世界：佐藤大的十大思考法和行动术 [M]，邓超译，北京：北京时代华文书局，2015 年 3 月第 1 版 .

[18] 张德利，张文辉 . 扎哈·哈迪德与马岩松——非线性逻辑语言浅析 [J]. 华中建筑，2013 年第 8 期 .

[19] 邢海波 . 基于“场所营造“的当代武汉高校学生住区公共空间研究 [D]，华中科技大学 2011 年 .

[20] 彭小柯 . 城市粘合空间的布局研究：以成都市为例 [J]. 艺术科技，2020 年 2 期 .

[21] 招阳 . 景观创意理念设计初探 [J]. 艺术研究 .2017 年 2 期 .

[22] 招阳 . 新都区小游园设计分析 [J]. 艺术科技 .2022 年 12 期 .